Beiträge zu Aristoteles' Naturphilosophie

ELEMENTA

Schriften zur Philosophie und
ihrer Problemgeschichte

herausgegeben von

Rudolph Berlinger und
Wiebke Schrader

Band 65 — 1995

Das Buch ist in sehr dankenswerter Weise mit einer finanziellen Beihilfe der Radboudstichting in Vught/Niederlande gedruckt worden.

Horst Seidl

Beiträge zu Aristoteles' Naturphilosophie

Rodopi

Amsterdam - Atlanta, GA 1995

Umschlaggestaltung: Bernard Vandemeulenbroecke

∞ The paper on which this book is printed meets the requirements of "ISO 9706:1994, Information and documentation - Paper for documents - Requirements for permanence".

ISBN: 90-5183-854-9 (CIP)

Printed in The Netherlands

Inhalt

Inhaltsverzeichnis V

Vorwort IX

Einleitung XI

Hauptteil 1

I) Die Materie-Definitionen, *Phys. I 9* u. *Metaph. VII 3*.-
Die «Elemente» und die «erste Materie» 3

1) Die Definitionen der Materie, *Phys. I 9*,
Metaph. VII 3 u. *VIII 1* 3

a) Die Materie als «erstes Substrat», woraus die Naturdinge
entstehen und worein sie vergehen, *Phys. I* 3

b) Die Materie als das formlose, unbestimmte Prinzip gegenüber
den Bestimmungen des Formprinzips, *Metaph. VII 3* 9

c) Die Materie als potentiell Seiendes, *Metaph. VIII 3* 12

2) Der Bezug der Materie-Definitionen auf die Elemente,
nach *De caelo IV 1-3* und *De gen. et corr. I-II* 13

a) Die Elemente als erste Materie, erstes Substrat,
woraus die zusammengesetzten Naturdinge entstehen
und worein sie vergehen 13

b) Die Materie als das formlose, unbestimmte Prinzip 16

c) Die Elemente als potentiell Seiendes gegenüber dem
Aktprinzip der Naturdinge, *De gen. et corr. I 3* ff. 17

3) Die Materie der Elemente selbst, *De gen.et corr. II 1* 21

a) Unterschiede zwischen den Elementen und den aus ihnen
zusammengesetzten Naturdingen 21

b) Die Natur der Materie der Elemente 24

c) Die Schwierigkeit, die oben genannten Materie-Definitionen
auf die Materie der Elemente anzuwenden 25

4) Stellungnahme zu Problemen moderner Interpretationen von
Aristoteles' Materie-Auffassung 26

a) Probleme moderner Interpretationen 26

b) Stellungnahme zu den genannten Problemen 28

II) Über den Aufweis der Form-, Bewegungs- und Zweckursache, *Phys. I 1-3* u. *Metaphys. VII 17* ... 32

1) Die Zusammenstellung der vier Naturursachen, *Phys. II 3* ... 32

2) Argumente in *Phys.II 1* und *Metaphys. VII 17* für die Formursache ... 36

3) Über die Analogie mit der Kunst bei der Bestimmung der Naturursachen ... 41

III) Zur Definition der Bewegung und der Zeit, *Phys. III* ... 43

1) Einleitende Bemerkungen zu Aristoteles' Definition der Bewegung ... 43

2) Erörterungen zu Aristoteles' Lehre von der Zeit ... 45

a) Textanalyse ... 45

b) Erörterungen ... 52

IV) Zum ersten, unbewegten Beweger in *Phys. VII-VIII* ... 60

1) Der erste, unbewegte Beweger in *Phys. VII-VIII* als verschieden von dem in *Metaphys. XII 6-7* ... 60

2) Metaphysische Voraussetzungen der *Physica* ... 68

a) Zum Naturding als solchem ... 70

b) Zur natürlichen Bewegung, sowie zu Raum und Zeit ... 72

c) Zum ersten, unbewegten Bewegungsprinzip ... 74

V) Zu Aristoteles' Lehre über die Seele des Menschen in *De anima* ... 77

1) Einführung in die Schrift *Über die Seele* ... 77

a) Kurze Inhaltsübersicht ... 78

b) Die Stellung der Schrift innerhalb der Naturphilosophie ... 84

2) Zu Aristoteles' Psychologie und seiner Definition der Seele als Form des Leibes ... 85

3) Zu Aristoteles' Erkenntnislehre: Sinnes- und Vernunftvermögen ... 87

4) Zur Interpretation von Aristoteles' Vernunft-Lehre in *De anima III 4-5* ... 92

a) bei Themistios ... 93

b) bei Thomas v. Aquin ... 96

c) bei G.W.F. Hegel ... 103

VI) Die Finalität der Natur in Aristoteles' *De gen. animalium* 114
1) Inhaltsanalysen 114
a) Die Einleitung von *De gen. animalium*, 715a 1-13 114
b) Zu Buch I von *De gen. animalium* 116
c) Zu Buch II von *De gen. animalium* 120
d) Zu Buch III von *De gen. animalium* 124
e) Zu Buch IV von *De gen. animalium* 128
2) Die Entwicklung des menschlichen Embryos 130
a) Aristoteles' Lehre 130
b) Zur modernen Kritik an Aristoteles' Lehre 132
3) Abschließende Erörterungen zur Bewegungs- und Zweckursache in *De gen. animalium* 137
a) Physische Wirkfaktoren und psychische Bewegungsursache 137
b) Die Verbindung der Bewegungs- mit der Zweckursache 139
c) Zur Unterscheidung zwischen immanentem Naturzweck und transzendentem, metaphysischem Zweck 142

Vorwort

Die vorliegenden Beiträge zu Aristoteles' Naturphilosophie sind aus Einzelstudien hervorgegangen, als Ergebnis langjähriger Beschäftigung mit verschiedenen Texten, so vor allem in «Physik» (*Physica*), «Über Entstehen und Vergehen» (*De generatione et corruptione*), «Über die Entstehung der Lebewesen» (*De generatione animalium*) und «Über die Seele» (*De anima*). Dabei haben sich die Untersuchungen immer auf gewisse Hauptgesichtspunkte der aristotelischen Naturphilosophie beschränkt und beabsichtigen auch in der nun vorliegenden Form nicht, von ihr eine Gesamtdarstellung darzubieten.

Gleichwohl sind die Einzelstudien doch zu einem einheitlichen Ganzen zusammengewachsen und behandeln die Hauptthemen in einem inneren Zusammenhang, den der Leser im Fortgang der Lektüre bemerken wird. Er entwickelt sich nach dem sachlichen Erkenntnisfortschritt, wie ihn auch Aristoteles' Wissenschaftslehre in den «Zweiten Analytiken» (*Analytica posteriora*) vorzeichnet, wonach jede Wissenschaft von ihrem Gegenstandsbereich aus zu bestimmten Wesensursachen in ihm vorstößt, um aus ihnen die erklärungsbedürftigen Phänomene, bestimmte Sachverhalte, bestimmte Eigenschaften der gegebenen Gegenstände zu erklären. Die aristotelische «Naturphilosophie» geht von den Naturdingen, den unbelebten und belebten, aus, soweit sie in Entwicklung, Bewegung und Veränderung sind, und erschließt ihre Ursachen: zuerst die materiellen (siehe Kap. I), dann die nicht mehr materiellen Form-Bewegungs-Zweckursachen. Aus beiden, die sich als Potenz- und Aktprinzip erweisen, bestimmt sich die Bewegung, und zusammen mit ihr auch die Zeit (Kap. III). In den Lebewesen sind Bewegungsursache gewisse seelische Prinzipien. Aristoteles' Abhandlung über die Seele bestimmt sie sowohl in den Tieren, als auch die rationale Seele des Menschen (Kap. IV), ferner auch der Gestirne, was die Untersuchung zu einem ersten, unbewegten Beweger führt (Kap. V). Zur Betrachtung der Bewegungsursache kommt die der Zweckursache hinzu, in der sich die Natur erst in ihrer vollen Bedeutung offenbart (Kap. VI).*

Ob der Fortschritt in der Sache, der sich aus den Texten ergibt, auch etwas über die Entstehungsgeschichte der Schriften aussagt, ist mehr eine philosophie-historische und philologische Frage, der die Beiträge nicht nachgehen. Sie konzentrieren sich nur auf den naturphilosophischen Gehalt und haben neben dem historischen auch ein systematisches Interesse. Daher gehen sie dort, wo sich Gelegenheit bietet, auch auf Probleme in heutigen naturwissenschaftlichen Diskussionen ein.

An dieser Stelle sei dem Verleger, Herrn Fred van der Zee, und dem Redakteur, Herrn Ralf Dank, für die sorgfältige Drucklegung, sowie den Herausgebern der ELEMENTA-Schriften, Herrn Prof. Rudolph Berlinger und Frau Prof. Wiebke Schrader, für die Aufnahme der Beiträge in diese vorzügliche Reihe herzlich gedankt.

Rom, April 1994 Horst Seidl

---

* Zur Interpretation der genannten Aristoteles-Schriften darf der Autor auch auf seine Ausgaben (mit Literaturangaben) verweisen:

– Aristoteles' Zweite Analytiken, mit Einleitung, Übersetzung und Kommentar, Amsterdam – Würzburg 1984, ^{2}1987 (Elementa-Texte Bd.1).

– Beiträge zu Aristoteles' Erkenntnislehre und Metaphysik, ebd. 1984 (Elementa Bd. 35).

– Der Begriff des Intellekts (Nous) bei Aristoteles im Zusammenhang seiner Hauptschriften, Meisenheim 1971 (Monographien z. philos. Forschg. Bd. 80).

– Aristoteles' Metaphysik I - VI, mit Einleitung und Kommentar, Hamburg ^{3}1989 (Meiners Philos. Bibl. 307).

– Aristoteles' Metaphysik VII - XIV, mit Einleitung und Kommentar, ebd. ^{3}1991 (Meiners Philos. Bibl. 308).

– Aristoteles' Über die Seele / De anima. Text u. Übersetzung, mit Einleitung und Kommentar, Hamburg 1995 (Meiners Philos. Bibl. 476).

Einleitung: Bemerkungen zu Aristoteles' «Naturphilosophie»

Bevor wir in die Erörterung von Sachproblemen in den aristotelischen Schriften eintreten, die traditionell als «Naturphilosophie» bezeichnet werden, seien einleitend einige Bemerkungen über das Verhältnis dieser philosphischen Disziplin zu den modernen Naturwissenschaften vorausgeschickt. Ohne hier auf die gegenwärtige Diskussion zum Thema näher eingehen zu können, erörtern wir Hauptgesichtspunkte von zwei interessanten Darlegungen aus jüngerer Zeit.

Die Studie von I. Craemer-Ruegenberg[1] macht mit Recht darauf aufmerksam, daß «Philosophie» bei Aristoteles gleichbedeutend mit «Wissenschaft» ist, und daß sich diese Gleichsetzung bis ins 18. Jahrhundert durchgehalten hat (a.a.O., 9). So versteht noch I. Newton seine Physik als Naturphilosophie und drückt dies im Titel seines Hauptwerkes aus, der *Philosophiae naturalis principia mathematica*.

Was die Kriterien betrifft, mit denen Aristoteles die drei philosophischen Disziplinen: Physik, Mathematik und Erste Philosophie, unterscheidet, so legt sie die Autorin (nach Metaph. VI 1) so dar: Die Gegenstände der Physik oder Naturphilosophie sind in Veränderung. «Die Grundlage allen Wechsels ist Materie, das, an dem sich letztlich Veränderung vollzieht. Naturdinge sind demnach wesentlich prozeßhaft und wesentlich materiell. Sie müssen auch so gedacht werden. Dagegen werden die Gegenstände der Mathematik von dieser Disziplin als „getrennt" gedacht, d.h. so, als ob sie für sich existierten, unabhängig von Prozessualität und Materie». Im Unterschied zu beiden vorgenannten Gegenständen wird der der Ersten Philosophie/Metaphysik nicht nur «als „getrennt" von Materie und Prozessualität gedacht», sondern müßte auch «in dieser „Getrenntheit" selbständig existieren» (10-11).

Der dann folgende Vergleich (12 ff.) der aristotelischen Naturphilosophie mit den modernen Naturwissenschaften benügt sich nicht damit, wissenschaftsgeschichtlich festzustellen, daß sie etwa nur eine dilettantische «Vorfassung des Wissenschaftsprogramms der Moderne» sei, sondern sieht das Unterschiedliche im «„philosophischen" Charakter», in einer Wißbegier um des Wissens willen, die Aristoteles der menschlichen Natur zuschreibt («ob sie eine anthropologische Konstante ist, mag fraglich sein», 13). Er

---

1 I. Craemer-Ruegenberg, *Die Naturphilosophie des Aristoteles*, (Alber Kolleg Philosophie) Freiburg/Br. 1980, Einleitung, 9-23.

dokumentiert sie in seinen Schriften immer wieder dadurch, «daß er den Vorgang des Entdeckens der Phänomene, des Fragens, des „Staunens" in seinen Erörterungen reproduziert. Er versetzt den unbefangenen Leser in die Lage des Alltagsmenschen, der die ihn umgebenden Dinge und Ereignisse erfassen möchte und dem plötzlich die Augen aufgehen über die ungeheure Rätselhaftigkeit Wirklichen». Zwar findet sich bei den modernen Naturwissenschaftlern auch dieses philosophische Element, aber im technischen Zeitalter der «extrem spezialisierten Experimentierprogramme» können sie «ihr „Philosophieren" nicht mehr erleben» (14). Das Wissenwollen führt bei Aristoteles über den Alltagsverstand hinaus «zwangsläufig zu deren Problematisierung, und aus dieser wiederum ersteht ein neues, abstraktes, verfremdetes Begriffssystem, das konsistente Einsicht in die staunenswerten Verhältnisse unserer Welt ermöglichen soll» (14). «Immer wieder vollzieht sich dabei jener „philosophische" Vorstoß in neue Begriffe, in theoretische Konstruktion (wie wir sie heutzutage als Mathematisierung in der Naturwissenschaft kennen)» (15-16).

Die soweit referierte Darlegung hebt sicherlich zu Recht hervor, daß sich die aristotelische «Physik» durch etwas Philosophisches auszeichnet, das in den empirischen Naturwissenschaften heute nicht mehr bewußt gegenwärtig ist. Die philosophisch-theoretische Einstellung, die nach Wissen um des Wissens willen strebt, läßt sich aber nur verstehen als ein auf die Ursachen der Dinge gehendes Wissen. Aristoteles selbst erläutert das «Erstaunen» über einen empirisch gegebenen Sachverhalt, das am Anfang des Philosophierens steht, aus der anfänglichen Unkenntnis in seine Ursachen, z.B. warum die Diagonale im Quadrat nicht durch ein ganzteiliges Verhältnis zur Quadratseite meßbar ist. Wenn wir aber wissenschaftliche – hier: mathematische – Einsicht in die Ursache gewinnen und den fraglichen Sachverhalt erklären können – im Beispiel: daß also die Diagonale im Verhältnis zur Seite inkommensurabel ist –, dann hört das Erstaunen auf. Es würde nun der Mathematiker umgekehrt darüber erstaunen, wenn jemand behauptete, die Diagonale sei doch kommensurabel (*Metaph. I*, 983a 11-21). Nach Aristoteles' Theorie der Wissenschaft (*Analytica poster.*) ist ihre Erkenntnis wesentlich ein Erklären von Sachverhalten, gegebenen Phänomenen, aus ihren Ursachen, weshalb sie allgemein und notwendig ist, sowie beweisbar. Ihr Erwerb ist ein Übergang vom konkreten Einzelnen zum Allgemeinen, das sich auf die Ursachen in ihm bezieht, vom Verursachten zu den Ursachen, vom Sinnlichen zum Intelligiblen; denn die Ursachen werden von der Vernunft erfaßt. Daher ist die wissenschaftliche Erkenntnis wie überhaupt alle theoretische (im ursprünglichen, kontemplativen Sinne) die der Vernunft am meisten eigentümliche Erkenntnis und gehört notwendig zum Wesen des Menschen, wenn anders die Vernunft selbst zu seinem Wesen gehört, und die Vernunft auch dies in einer allgemeinen Selbsterkenntnis erfaßt. Die natürliche Wißbegier des Menschen bewegt sich nicht nur fort zu immer neuen Erfahrungen, sondern kennt auch ein Ankommen und Halten bei immerwahren Einsichten in erste Ursachen. Wo sie erreicht werden, finden sie ihren festen begrifflichen Ausdruck, welcher dem Sachverhalt entspricht und der Vernunft gemäß ist.

Die Kriterien, wonach Aristoteles die drei philosophischen Disziplinen: Physik, Mathematik und Erste Philosophie/Metaphysik, unterscheidet, sind nicht nur Stufen der Abstraktion: von den konkreten Naturdingen zu den abstrakten, mathematischen und weiter zu den metaphysischen Gegenständen, wobei zu letzteren noch die Forderung hinzukäme, daß sie existieren müßten, sondern betreffen auch Stufen der Ursächlichkeit im Realen. Daher werden in den *Physica* und *Metaphysica* die Naturdinge immer, im Gegensatz zu den Kunst- und Zufallsprodukten, dadurch gekennzeichnet, daß sie «den Ursprung der Bewegung und Ruhe in sich selbst haben», was nicht nur für die belebten, sondern auch für die unbelebten Naturdinge gilt; denn auch sie haben eine natürliche Bewegung, die verschieden ist von der ihnen gewaltsam mitgeteilten. Die Naturdinge sind, ihrem Wesen nach, nicht nur durch ihre Materie, sondern auch – und noch mehr – durch ihre Form-, Bewegungs- und Zweckursachen gekennzeichnet. Aristoteles arbeitet die vier Ursachen gerade in den *Physica I-II* heraus (worauf sich dann die *Metaphysica* beziehen), wenn auch die «Physik» die Naturdinge nicht ihrem Sein, sondern ihrem Werden, ihrer Bewegung und Veränderung nach betrachtet und somit die Natur mehr als Bewegungs- und Zweckursache definiert. Aus diesem ursächlichen Gesichtspunkt wird dann verständlich, daß so weit auseinader liegende Gegenstände wie die Himmelskörper, die Pflanzen und Tiere, sowie die Seele in dieselbe philosophische Disziplin fallen.

Die mathematischen Gegenstände sind zwar abstrakt und existieren in dieser Form nicht für sich, haben aber gleichwohl auch einen Bezug zu Ursachen in den Naturdingen, und zwar zu den materiellen, aus denen sich ihre Dimensionen und überhaupt alle körperlichen Eigenschaften erklären lassen. Es ist sehr bezeichnend, daß Aristoteles in den *Analytica poster. II* z.B. die geometrischen Konstruktionen der Materieursache zuordnet.

Was schließlich die metaphysischen Gegenstände betrifft, so eröffnet den Zugang zu ihnen nicht nur die Unterscheidung zwischen Konkretem und Abstraktem, sondern vielmehr die zwischen den verursachten Naturdingen und ersten «abgetrennten», d.h. transzendenten Ursachen, die ohne Bewegung, immateriell und daher «göttlich» sind.

Wenn heute in den empirischen Naturwissenschaften, besonders Physik und Chemie, das philosophische Bewußtsein zu fehlen scheint, so bedeutet dies nach dem Gesagten vor allem ein mangelndes Bewußtsein dafür, daß ihre experimentellen Untersuchungen im Bereich der Moleküle, Atome und deren Elementarteilchen Einsichten in die Materie als Ursache der uns gegebenen Naturdinge sind. Der Gesichtspunkt mag für die empirisch naturwissenschaftliche Forschung ohne Bedeutung sein, für die philosophische Betrachtung aber ist er sehr wichtig, um jene Forschung am Materiellen in die gesamte Naturbetrachtung einordnen zu können.

Es ist derselbe Gesichtspunkt, der Aristoteles zur Kritik an den vorsokratischen Atomisten veranlaßt hat: Sie meinten nämlich, primär der Natur in den Atomen zu begegnen, und betrachteten die gegebenen komplexen Naturdinge, Pflanzen und Tiere, als akzidentelle Phänomene der Atome. Damit entging ihnen, daß die Natur selber komplex ist und uns zunächst eigentlich in den substantiell gegebenen, komplexen Dingen begegnet, ferner daß die materiellen Elemente, die Atome, nur eine ihrer Ursachen sind, neben anderen immateriellen Ursachen. Die materialistische Auffassung von der Natur, als sei sie in den Materieursachen, den Atomen u.ä. primär und im eigentlichen Sinne gegeben, verbaut den Weg zu den anderen Ursachen, vor allem den Form- und Zweckursachen, sowie der mit ihnen verbundenen Bewegungsursache. Sie erschließen sich uns nur ausgehend von den komplexen Naturdingen, besonders den Lebewesen.

Eine andere Darlegung zu unserem Thema, die von G.A. Seeck[2], betrachtet den Begriff der «Naturphilosophie» für die damit bezeichneten aristotelischen Schriften als einen «Notbehelf», um ihre so verschiedenen Inhalte, wie auch die heute so disparaten Ansichten darüber zusammenzufassen. Für die ursprüngliche Bedeutung des Begriffes verweist der Autor auf die Definition der «Naturphilosophie» von P.K. Feyerabend[3], die ihren Bezug zu Prinzipien oder Ursachen der Natur herausstellt:

> «Die Naturphilosophie befaßt sich mit den allgemeinsten Eigenschaften der belebten und der unbelebten Natur sowie mit den Prinzipien, die zur Erklärung der Naturerscheinungen dienen können».

Mögen auch die modernen Naturwissenschaften aus der traditionellen Naturphilosophie hervorgegangen sein, so wissen sie sich heute unabhängig von ihr und lehnen eine Verbindung mit ihr ab. Seeck betont aber, daß bei

---

2 G.A. Seeck, *Die Naturphilosophie des Aristoteles*, (Wege d. Forschg. 225), Darmstadt 1975, Einleitung: Aristoteles zwischen Naturphilosophie und Naturwissenschaft, IX-XXIII.

3 P.K. Feyerabend, *Naturphilosophie*, in: Fischer-Lexikon, Philosophie, Frankft./M. 1958, 203.

Aristoteles beides, Naturphilosophie und Naturwissenschaft, noch vereinigt waren; «..seine „Naturphilosophie" ist daher keine den Naturwissenschaften bei- oder übergeordnete philosophische Disziplin und auch kein ihnen nachfolgendes Weiterfragen. Sie schließt beides ein: die Frage nach den allgemeinen theoretischen Prinzipien ebenso wie die nach den einzelnen konkreten Naturerscheinungen. Der Ausdruck „Naturphilosophie" darf also keineswegs so verstanden werden, als ob Aristoteles der heutigen Naturphilosophie näher stünde als den Naturwissenschaften. Eher ist das Gegenteil der Fall...» (a.a.O., XI).

Seeck würde es vorziehen, statt von Naturphilosophie bei Aristoteles von Naturwissenschaft zu sprechen; denn es findet sich bei ihm eine empirische Erforschung der Naturphänomene, die durchaus als eine Vorstufe zu moderner Naturforschung angesehen werden kann, und – wissenschaftsgeschichtlich gesehen – es auch war. Das negative Urteil von A. Mach[4] über Aristoteles' „Physik", daß sie durch ihre Kritik am Atomismus den Fortschritt der Naturwissenschaft auf zwei Jahrtausende aufgehalten habe, wird korrigiert (XII). Der wesentliche Unterschied zwischen Aristoteles' und der modernen Naturwissenschaft besteht nach Seeck vor allem darin, daß die letzteren den Erfahrungsbereich selbst methodisch durch das Experiment erschließen, während Aristoteles den Zugang zum empirisch Gegebenen noch dem Zufall überließ. Er stellte sich noch gar nicht «die Frage, wie man Beobachtungen systematisch überprüft». «Sein Verhältnis zur Empirie ist bedingt durch die Lage, die durch seine Vorgänger geschaffen worden war. Er teilte die Meinung, die im wesentlichen durch die Griechen in die Welt gekommen ist, und auf der alle Wissenschaft bis heute beruht, daß nämlich hinter der verwirrenden Vielfalt der empirisch gegebenen Tatsachen Ordnungsprinzipien stecken müßten, die aufzufinden das Ziel der Wissenschaft sei» (XV). Aus heutiger Sicht stellt der Autor fest, «daß man bei diesem Tasten in immer neue Irrwege geriet und kein ausgewogenes Verhältnis zwischen empirischer Faktizität und abstrakter Ordnung fand. Aristoteles war derjenige, dem wie keinem anderen dies Problem bewußt war. Seine physiké ist nichts anderes als der damals beste Weg zur Lösung dieses Problems. Für ihn ging es also nicht darum, das empirische Element in sich methodisch abzuklären und zu sichern. Seine Frage war nicht, wie man verläßlich empirische Daten gewinnt, sondern welche Beziehung zwischen solchen Daten und möglichen Ordnungsrelationen besteht» (XV-XVI).

---

4 Arthur Mach, *Das neue Denken der modernen Physik*, Hamburg 1957.

Aus der wichtigen Feststellung läßt sich der enge Zusammenhang zwischen Philosophie und Naturwissenschaft entnehmen: Sofern die modernen Naturwissenschaften nach Ordnungsprinzipien suchen – und dies ihnen ja auch, auf vielen Gebieten der anorganischen und organischen Natur, in großem Maße gelungen ist –, hat sie auch eine naturphilosophische Qualität. Wenn dies nicht mehr in ihrem Selbstverständnis bewußt ist, so liegt dies teils an ihrer überwiegenden Beschäftigung mit dem experimentellen Zugang zu dem empirisch Gegebenen selbst, teils an empiristischen Wissenschaftstheorien, welche die theoretisch wissenschaftliche Erkenntnis auf die methodisch experimentell erschlossene Erfahrung selbst reduzieren, so daß auch dort, wo universale Ordnungsprinzipien gewonnen werden, diese nur einen provisorischen, relativen (immer möglicherweise falsifizierbaren) Erfahrungswert haben sollen.

Wissenschaftsgeschichtlich gesehen, hat die moderne Physik durch ihre experimentellen Methoden und Ergebnisse so große Fortschritte gemacht, daß sie Aristoteles nicht mehr braucht (XVII). Doch bleibt eine Beziehung zum antiken Naturphilosophen bestehen, und zwar dadurch, daß die empirische Forschung der modernen Physik tatsächlich die Materie als eine Ursache der gegebenen Naturdinge erschließt. Die Forschung ist nicht richtungslos, sondern sucht gewisse Ordnungsprinzipien auf, wie oben festgestellt. Daß dies gegenwärtig nicht mehr immer bewußt ist, ändert nichts an der Tatsache. Wissenschaftstheorien, die dies aus dem Bewußtsein verdrängen, tun dies, wie gesagt, im Namen einer empiristischen Philosophie.

Hauptteil

I) Die Materie-Definitionen in *Phys. I 9* und *Metaph. VII 3.*– Ihr Bezug auf die «Elemente» und die «erste Materie»

Clemens Baeumker[1] hat in seinem bekannten Buch über den Materiebegriff in der griechischen Philosophie an Aristoteles' Materie-Auffassung Kritik geübt, weil in ihr ein Widerspruch vorliege, der in zwei gegensätzlichen Definitionen der Materie in *Phys.I 9* und *Metaphys. VII 3* hervortrete: Die erste Definition verstehe die Materie mehr als «physische», d.h. als eine bestimmte, real existierende Ursache der Naturdinge, die zweite dagegen als ein gänzlich unbestimmtes, rein potentielles Prinzip, das nicht aktuell existiere, sondern sich in eine bloße Denkmöglichkeit zu verflüchtigen scheine. Seit Baeumker ist viel Literatur zum Thema der «ersten Materie» bei Aristoteles (und Thomas v. Aquin) erschienen, die fast durchwegs seine Kritik übernimmt und weitere hinzufügt. Sie verdient daher besondere Beachtung.

Die vorliegende Untersuchung wird zeigen, daß sich jenes Problem des Widerspruches und andere Probleme hinsichtlich der zwei Materie-Definitionen auflösen, wenn sie an Aristoteles' Lehre von den sog. «Elementen» geprüft und verifiziert werden. Im folgenden sollen daher zunächst (1) die zwei Definitionen in *Phys. I 9* und *Metaph. VII 3* analysiert werden, ferner auch die Definition der Materie als des potentiell Seienden in *Metaph. VIII 1*, um die drei Definitionen dann (2) mit der Lehre von den Elementen und (3) ihrer «ersten Materie», in *De gen. et corr. I-II* in Beziehung zu setzen. Es folgt schließlich (4) eine Stellungnahme zu Baeumker und anderen, jüngeren Interpretationen von Aristoteles' Materie-Auffassung.

1) Die Definitionen der Materie in *Phys. I 9* und *Metaph. VII 3* sowie in *VIII 1*

a) Die Materie als « erstes Substrat», woraus die Naturdinge entstehen und worein sie vergehen, *Phys. I 9*

Um die Definition in *Phys. Buch I, Kap. 9*, besser zu verstehen, müssen wir zuerst die Hauptgedanken von *Buch I*, mit denen sie zusammenhängt, näher betrachten:

Kap. 1 geht vom Gegenstand der «Physik» (Naturphilosophie) aus, den Naturdingen, und betrachtet sie, insofern sie entstehen und vergehen, sowie überhaupt in Veränderung und Bewegung sind, und untersucht hierzu ihre Ursachen. *Buch I* befaßt sich mit der Materieursache (zu der, in *Buch II*, die

---

1 Cl.Baeumker, *Das Problem der Materie in der Griechischen Philosophie*, Münster 1890.

Form-, Bewegungs- und Zweckursache hinzukommen) und erschließt ihr Wesen aus der Struktur des Entstehenden und Sich-Verändernden selbst[2].

In den einleitenden Erörterungen zu vorsokratischen Lehren, *Kap. 2-4*, weist Aristoteles verschiedene Irrtümer zurück, so den der Eleaten, die Entstehen und Vergehen sowie jede Art von Bewegung überhaupt leugnen, was unstatthaft ist, weil dies zum empirisch Gegebenen, zum Ausgangsgegenstand selbst gehört. Fehlerhaft ist auch die Weise, wie die Vorsokratiker die Aporie des Entstehens oder Werdens angehen, das ein Übergang von Nichtseiendem zu Seiendem sein müßte, *Kap. 4*: Da kein Ding aus Nichtseiendem entstehen kann, und das schon Seiende nicht mehr zu entstehen braucht, erklären die Vorsokratiker alles Naturgeschehen aus schon Seiendem, nämlich aus einem oder mehreren Materieprinzipien und ihren Eigenschaften: Die Monisten, wie Thales, Anaximenes, Heraklit, erklären es durch Verdichtung und Verdünnung, d.h. Veränderungen eines einzigen Materieprinzips (wie Wasser, Luft, Feuer); Anaxagoras, Empedokles, Leukipp und Demokrit hingegen durch Mischung und Trennung endlich oder unendlich vieler Materieprinzipien, Elemente. Dabei reduzieren sie das Entstehen und Vergehen (γένεσις, φθορά) der Naturdinge auf bloße Veränderung (ἀλλοίωσις) der Elemente, die allein die Substanzen, «die Natur», sind.

Aristoteles übt hieran Kritik (ausführlich in *De gen. et corr. I-II*), weil die Naturdinge (Pflanzen, Lebewesen) außer den Elementen auch Formursachen haben, durch die sie selbst (zusammengesetzte) Substanzen sind, ferner weil Entstehen und Vergehen zur Substanz gehören, Veränderungen dagegen zu den Eigenschaften an der Substanz, beide also sehr verschieden sind, aufgrund der verschiedenen Kategorien des Seienden nach Substanz und Eigenschaften (Akzidenzien), *Phys. I, Kap. 7*. Bei den Vorsokratikern ist diese kategoriale Verschiedenheit des Seienden noch unbemerkt geblieben; Aristoteles entdeckt sie zum ersten Male.

Seine eigene Untersuchung der Materialursache führt Aristoteles, von *Kap. 5* an, in folgenden Schritten durch: Zunächst geht er von der Tatsache aus, daß die Veränderungen der Dinge immer zwischen Gegensätzen erfolgen. Dies haben auch schon die Vorsokratiker richtig gesehen, lassen aber fälschlich die materialen Prinzipien selbst die Gegensätze, d.h. Entgegengesetztes, sein. Unser Philosoph dagegen unterscheidet erstmals zwischen den Gegensätzen – in den Kategorien der Quantität, Qualität u.a. – und einem «Dritten» (189a 26), das ihnen «zugrunde liegt». Es gehört der Substanz-

2 Nur «das, wovon es Entstehung und Umwandlung ineinander gibt, hat Materie. Was aber ohne Umwandlung ist oder nicht ist, davon gibt es keine Materie», *Metaph. VIII 5*, 1044b 27-29.

Kategorie an und hat keinen Gegensatz sich gegenüber (189a 29). Der «Triade» bei den eigenschaftlichen Veränderungen an der Substanz, die sich schematisch so festhalten läßt:

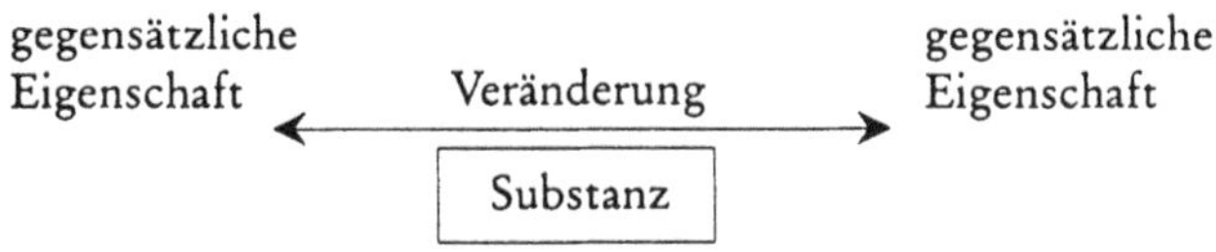

entspricht eine andere beim Entstehen der Substanz selbst, *Kap. 7*, 190a 31 ff.: Die Analyse des Philosophen ergibt erstmals, daß der Gegensatz hier zwischen der substantiellen Formbestimmung (εἶδος, μορφή) und ihrer (vorhergehenden) Privation (στέρησις) besteht, und daß ihnen notwendigerweise wieder ein «Drittes» zugrunde liegen muß, das hier die Materie ist, 190b 19-20:

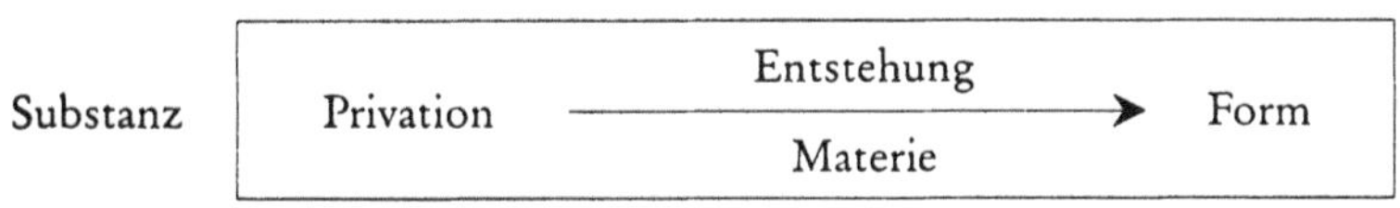

Die substantielle Entstehung der Naturdinge erfolgt also aus drei Prinzipien: Privation, Form und «Zugrundeliegendem», dem Substrat, der Materie; oder, wenn man die Privation nicht als eigenes Prinzip betrachten will, aus zwei Prinzipien: Form und Materie, 191a 3 ff[3]. Beide gehören der Substanz-Kategorie an[4]. Jedes Naturding, als zusammengesetzte Substanz (190b 12), hat als ursächliche Komponenten Form- und Materieursache als komplementäre Teilsubstanzen.

Die zugrundeliegende Materie, das Substrat der Privation und Form, ist von beiden verschieden und «gestaltlos» (ἀμορφία)[5] in bezug auf die Form, aber formbar durch sie und insofern komplementäre «Mitursache» (συναιτία) der Formursache. Als solche ist sie analog in allem Entstehenden, den Naturdingen wie den Kunstprodukten, miterkennbar.

3 Es besteht ein Unterschied zwischen der Form als Ursache, welche die Materie bestimmt, d.h. formt, und der von ihr ausgehenden Form(bestimmung) an der Materie. Während der Begriff εἶδος beides bedeuten kann, dürfte der Begriff μορφή auch die Formbestimmung, «Gestalt(ung)» an der Materie bezeichnen, gerade im Gegensatz zur Privation, die wohl weniger die Abwesenheit der Formursache bedeutet, sondern eher die ihrer Wirksamkeit oder Formbestimmung an der Materie; denn die Formursache liegt im Entstehenden schon von Beginn an vor, wo die Materie noch der Formbestimmung «beraubt» ist.

4 Die Form ist auch «Subjekt», Substanz. Diesen Gesichtspunkt führt *Buch I*, 191a 19-20, als Aporie an, die dann *Buch II* positiv beantwortet.

5 Vgl. unten *II 1*, 193a 12: die Materie als «Ungegliedertes», ἀρρύθμιστον. In *I 7* heißt die Privation «Ungeformtheit» (ἀσχημοσύνη), «Ungestaltetheit» (ἀμορφία), «Unordnung, Ungeordnetheit» (ἀταξία), 190b 15.

Das, woraus etwas wird, kann in verschiedener Weise verstanden werden, *Kap. 7*: So kann man bei Veränderungen sagen, daß etwas 1. aus der entgegengesetzten Eigenschaft wird (z.B. aus dem Ungebildeten ein Gebildeter), oder 2. aus dem Subjekt mit jener Eigenschaft (aus dem ungebildeten Menschen ein gebildeter). Ebenso kann man beim substantiellen Entstehen sagen, daß etwas 1. aus der Privation entstehe (z.B. dem Nicht-Standbild ein Standbild), oder 2. aus der Materie mit jener Privation (aus dem Erz ein Standbild). Die 1. Weise der Benennung des Werdens, Entstehens, ist in beiden Fällen eine uneigentliche, die 2. dagegen die eigentliche.

Die oben erwähnte Aporie des Werdens oder Entstehens, welche die Vorsokratikern nicht zu lösen vermochten, löst Aristoteles durch eine nähere Differenzierung des Nichtseienden und Seienden, aus dem bzw. zu dem etwas entsteht, auf, *Kap. 8*, und zwar in einer zweifachen Betrachtung, in der ersten so: Das Woraus des substantiell Entstehenden ist kein Nichtseiendes an sich – dies ist die Privation –, sondern ein "Nichtseiendes per accidens", d.h. das materielle Substrat, das der (entstehenden) Substanz schon sehr nahe kommt (ἐγγὺς καὶ οὐσίας πως). Das Woraus ist aber auch noch kein Seiendes an sich – dies ist erst die entstandene Substanz, in ihrer bestimmten Spezies –, sondern ein «Seiendes per accidens», entsprechend der Gattung, die sich zur Spezies noch unbestimmt, nichtseiend, verhält.

In einer zweiten Betrachtung ist das, woraus etwas entsteht, das «potentiell Seiende» in bezug auf das, wozu es entsteht, dem «aktuell Seienden». Materie- und Formursache verhalten sich demnach zueinander wie Potenz und Akt. Das entstehende Ding nach der Seite der Materie ist das potentiell Seiende, nach der Seite der Form hingegen das aktuell Seiende. Materie- und Formursache sind das Potenz- und das Aktprinzip. Das Ding, seiner Materie nach betrachtet, ist also in gewissem Sinne nichtseiend (weil noch ohne die spezifische Form) und in gewissem Sinne seiend (weil schon zur Gattung der Form gehörig).

In *Kap. 9* übt Aristoteles an Vorsokratikern und Platon Kritik, weil sie hinsichtlich des Nichtseienden nicht zwischen der Privation (dem Nichtsein an sich) und der Materie unterschieden haben. Auch die Platoniker «übersahen» die Privation. Bei ihnen hat die Materie selbst den negativen («übel-bewirkenden») Charakter eines an sich Nichtseienden, der eigentlich nur der Privation zukommt. In Wahrheit besteht aber ein wesentlicher Unterschied zwischen der Privation, die bei der Entstehung einer Substanz untergeht, und der Materie, die fortbesteht als «beharrende Mitursache der Form». Sie wird auch vergleichsweise als «Mutter» der entstehenden Dinge bezeichnet[6].

Im Anschluß hieran wird die Frage erörtert, ob die Materie entstehe und vergehe, und differenziert beantwortet: An sich vergeht die Materie nicht, sondern die Privation vergeht an der Materie, wenn ein Ding entsteht, und entsteht an der Materie wieder, wenn das Ding vergeht[7]. Daß die Materie selbst unentstanden und unvergänglich ist, wird dann mit Hilfe der Definition bewiesen, 192a 31-32, wonach «die Materie das erste Substrat für jedes Ding ist, aus welchem als immanentem (bleibenden Prinzip) etwas nicht akzidentell entsteht. Und wenn es vergeht, wird es in dieses (erste Substrat) kommen» (d.h. zurückkehren). Daraus folgt, daß die Materie nur wieder aus einer Materie entstehen und in sie vergehen könnte, also «früher als sie selbst» und «später als sie selbst» sein müßte, was unmöglich ist. Die Definition ergibt sich aus der vorangegangenen Untersuchung über Entstehen und Vergehen sowie über jede Veränderung überhaupt der Naturdinge. Gattungsbegriff der Materie ist das «Substrat», das beim substantiellen Entstehen bzw. Vergehen der Privation und der Form als Drittes zugrunde liegt. «Erstes Substrat» heißt es wohl deshalb, weil es «jedem Ding» zugrunde liegt. Dann wäre an die «erste Materie» aller Naturdinge zu denken, im Unterschied zu den je besonderen, «zweiten Materien» in jeder Spezies. Es folgen zwei weitere charakteristische Angaben, daß das erste Substrat das «Woraus» bzw. «Worein» des Entstehens und Vergehens ist und als «immanentes» im entstehenden Ding bleibt. Die zweite Angabe grenzt offenbar das Substrat, die Materie, gegen die Privation ab, die zwar auch (uneigentlicherweise) das Woraus ist, aber mit der Entstehung des Dinges (mit der Formung der Materie) verschwindet.

Abschließend sei darauf hingewiesen, daß Aristoteles, trotz seiner Kritik an den Vorsokratikern, sich ihnen doch auch verpflichtet weiß. Es ist beachtlich, daß sich die Materie-Definition von *Phys.I 9* fast wörtlich deckt mit der Auffassung von Vorsokratikern über Prinzip(ien) /Element(e)/Natur der Dinge, die Aristoteles in seinem historischen Rückblick in *Metaph. I*, 983b 8 ff. so beschreibt:

> «Woraus nämlich alles Seiende ist und woraus es als Erstem entsteht und worein es als Letztem vergeht, wobei die Substanz beharrt und sich (nur) in den Eigenschaften wandelt, dies ist, so sagen sie, Element (στοιχεῖον) und Prinzip(ἀρχή) des Seienden. Und deshalb werde nach ihrer Ansicht nichts, noch vergehe etwas, weil die sobeschaffene Natur immer erhalten bleibe: wie wir ja auch nicht sagen,

---

6 192a 13-14. Aus diesem Vergleich stammt bekanntlich die lateinische Übersetzung «materies, materia» für ὕλη. Das griechische Wort meint ja ursprünglich «Holz». Zum Vergleich der Materie als «Amme» («Nährmutter») bei Platon, s.u. Anm. 33.

7 *De gen. et corr., Buch I.*

> Sokrates werde (entstehe) schlechthin, wenn er edel und gebildet werde, noch auch, er vergehe schlechthin, wenn er diese Haltungen verliere, weil das Subjekt, Sokrates selbst, beharrt, so ist dies auch bei keinem anderen Seienden der Fall; denn es müsse (nach ihrer Lehre) eine Natur geben, sei es eine oder mehrere, woraus das übrige entstehe, während sie selbst bewahrt bleibe».

Dieses wichtige Zeugnis des Aristoteles zeigt, daß die definitorischen Kennzeichen für Materielles, Prinzip(ien), Element(e), nämlich das, «woraus» die Dinge entstehen bzw. «worein» sie vergehen, und als Substrat, als Beharrendes, schon auf die Vorsokratiker zurückgehen[8]. Dabei fällt auf, daß nach ihrer Auffassung, wie das materielle Prinzip oder Element (bzw. die Elemente), so auch die komplexen Erfahrungsdinge, z.B. Sokrates, aus nichts anderem bestehen als aus Materie und gewissen Eigenschaften. Eine Formursache ist noch nicht im Blick. Auf sie werden erst Platon und Aristoteles aufmerksam. Daher denn Aristoteles in *Phys.I 9* die vorsokratische Auffassung vom materiellen Prinzip oder Element (Elementen) für seine eigene Definition nur von der Materie(ursache) der Naturdinge verwendet.

Da nach vorsokratischer Ansicht jedes Prinzip/Element lediglich aus Materie und Eigenschaften besteht, und die Eigenschaften von der Materie selbst wesentlich ausgesagt werden, folgt dann hieraus, 1. daß die Materie nichts Potentielles ist, sondern selbst schon Aktuelles, und zwar als Gegensätzliches (z.B. Warmes und Kaltes, Trockenes und Feuchtes u.ä.), und 2. daß es nur zwei Arten von Prinzipien gibt, die sich auf dieses Gegensätzliche verteilen. Dagegen führt Aristoteles in *Phys. I 6* die Materie als drittes Prinzip ein und argumentiert gegen die vorsokratische Ansicht u.a. so, 189a 27-32: Eine Substanz besteht nicht aus Entgegengesetztem, sondern muß ein eigenes Prinzip sein. «Das Prinzip darf nicht vom Subjekt (Substrat) ausgesagt werden. Es würde (sonst) ein Prinzip des Prinzips geben; denn das Subjekt ist Prinzip und scheint früher (d.h. vorrangiger) zu sein als das Ausgesagte» (sc. das Entgegengesetzte). Nach Aristoteles ist also die Materie als Subjekt (bzw. materielles Substrat) ein eigenes Prinzip neben dem der Gegensätze, Privation und Form. Diese können von der Materie nicht als deren eigenes (Wesens-)Prinzip ausgesagt werden, sondern nur als ein von ihr verschiedenes, das aber mit der Materie als Koprinzip ein und dieselbe Substanz konstituiert. Als «Subjekt» (Substrat) ist die Materie in den Naturdingen «Substanz» und nimmt zusammen mit der Formursache teil an deren Bildung als «zusammengesetzter» Substanzen[9].

---

8 Man vergleiche hierzu schon Anaximander, *Fragm. 1*. Was den Begriff ἀρχή betrifft, so findet er sich zwar nicht in den vorhandenen Fragmenten der Vorsokratiker. Doch nennt Aristoteles die Prinzipien gelegentlich «die von ihnen so genannten Prinzipien», z.B. *Phys.I 5*, 188b 28, als sei der Begriff schon von den Vorsokratikern gebraucht worden.

b) Die Materie als das formlose, unbestimmte Prinzip gegenüber den Bestimmungen des Formprinzips, *Metaph. VII 3*

Gehen wir über zur Definition der Materie in *Metaph. VII 3*. Der größere Zusammenhang ist hier die Untersuchung der in ihren verschiedenen Bedeutungen. *Kap. 3* nennt zu Beginn vier Bedeutungen: «Wesenheit», «Allgemeines», «Gattung» und «Zugrundeliegendes» (Subjekt/ Substrat), und erörtert dann die letztgenannte zuerst. Wörtlich heißt οὐσία Entität, «Seiendheit». Da aber beide Begriffe im Deutschen ungebräuchlich sind, läßt sie sich mit dem des «primären Seienden» umschreiben (vgl. *VII*, *Kap. 1*). Sinngemäß wird οὐσία gewöhnlich mit «Substanz» wiedergegeben. Da dieser Begriff aber eigentlich die Übersetzung von ὑποκείμενον, dem «Zugrundeliegenden» (Substrat/Subjekt) ist und in *Kap. 3* erst noch geklärt werden soll, kann er von uns hier nicht verwendet werden.

Die Erörterung, ob das «primär Seiende» hinreichend durch die Bedeutung des «Zugrundeliegenden», d.h. als «Subjekt»/«Substrat» bestimmt werden kann, beginnt Aristoteles mit der Feststellung, daß dieser Begriff selbst mehrdeutig ist, 1029a 2-5: Er kann sowohl die Materie, als auch die Form eines Dinges bedeuten, wie auch dieses Ding als aus beiden zusammengesetztes Ganzes. Wegen dieser Mehrdeutigkeit ist der Begriff nicht geeignet, das primär Seiende eindeutig zu bestimmen.

Daß eine solche Bestimmung «nicht hinreichend» ist (a 9), zeigt Aristoteles dann durch ein argumentum ad absurdum auf (a 10-26), wonach sich ergäbe, daß das primär Seiende nur die Materie wäre, was unmöglich ist (a 27); denn in viel höherem Maße müßte es die Form oder das aus beiden zusammengesetzte Ding sein (a 27 ff.). Das Argument bedient sich der Definition des primär Seienden, die auch die Kategorienschrift, *Kap. 5* nennt, daß es nämlich das letzte Subjekt (ὑποκείμενον) ist, wovon alles übrige ausgesagt wird, d.h. alle kategorialen Bestimmungen, das aber selbst von nichts anderem mehr ausgesagt wird. Die syllogistische Form des Arguments, mit den zwei Prämissen und der Konklusion läßt sich so anschreiben:

II Das primär Seiende ist das, wovon alles übrige ausgesagt wird (d.h. alle Formbestimmungen).

I Das, wovon alles übrige (alle Formbestimmungen) gesagt wird, ist die Materie.

III Also ist das primär Seiende die Materie.

---

9 *Metaph. VIII 1*, 1042a 26: «Substanz ist das Subjekt, in einer Hinsicht als die Materie..., in anderer als der Begriff und die Gestalt..., drittens als das aus ihnen 'Zusammengesetzte'...»; a 32: «Daß die Substanz auch die Materie ist,dies ist offenbar; denn in allen entgegengesetzten Umwandlungen liegt das Subjekt/Substrat für die Umwandlungen als etwas 'Reales' vor...» Eine Stelle in *XI 7* bezeichnet das Letzte, wovon die Form ausgesagt wird, als «Materie und (d.h.) materielle Substanz»: τὸ ἔσχατον ὕλη καὶ οὐσία ὑλική, 1049a 36.

Die Prämisse I wird an den Elementen, den einfachen Körpern, verdeutlicht: Wenn von ihnen die Formbestimmungen, die quantitativen und qualitativen Eigenschaften, weggenommen werden, bleibt nichts anderes mehr als die Materie übrig (a 11-19); denn die Materie ist ihrer Definition nach

> "das, was an sich weder ein bestimmtes Ding, noch ein Quantitatives oder etwas anderes genannt wird, wodurch das Seiende bestimmt wird. Es gibt nämlich etwas, wovon jedes dieser (Bestimmungen) ausgesagt wird, dem das Sein verschieden ist von jeder der kategorialen Bestimmungen" (a 20-23).

Das bestätigt sich dadurch, daß "das übrige vom primär Seienden ausgesagt wird, dieses aber von der Materie. Deshalb ist das Letzte an sich weder ein bestimmtes Ding, noch ein Quantitatives, noch etwas anderes, auch nicht die Verneinungen" (Privationen).

Es ist zu beachten, daß Aristoteles hier zwar seine eigene Definition von der Materie gibt, sich aber beim argumentum ad impossibile der (gänzlich an den Elementen ausgerichteten) vorsokratischen Ansicht bedient, also der gegnerischen Ansicht, um sie aus deren Voraussetzung selbst als unzureichend zu erweisen. Sie beinhaltet nämlich, daß die Substanzen (die Naturdinge) nur die Elemente sind bzw. ihre Materie. Die Eigenschaften der Elemente sind nicht selbst Substanz, sondern diese ist vielmehr das, was nach Wegnahme der Eigenschaften übrigbleibt: Die Materie als das letzte «Subjekt», wovon die Eigenschaften ausgesagt werden. So kann Aristoteles gerade mit Hilfe dieser (vorsokratischen) Ansicht deutlich machen,daß die Bestimmung der οὐσ α als Subjekt unzureichend ist und zu ihrer einseitigen Gleichsetzung mit der Materie führt.

Daß das Argument vorsokratischer Herkunft ist, zeigt eine Parallelstelle in *Buch III 5*. Sie erörtert die Aporie, «ob die Zahlen, (stereometrische) Körper, Ebenen und Punkte, Substanzen sind, oder nicht», und nennt als Einwände diese, 1001b – 1002a 4, daß die genannten Begrenzungen «keine Substanz von etwas sind, sondern alle von einem Subjekt ausgesagt werden und kein bestimmtes Diesda sind» ... «Von dem aber, was am meisten, wie es scheint, Substanz bedeutet, (nämlich) Wasser, Erde, Feuer und Luft, woraus die zusammengesetzten Körper bestehen, davon sind die Eigenschaften der Wärme, Kräfte und dergleichen keine Substanzen; nur der Körper, der diese Eigenschaften hat, beharrt und ist ein Seiendes und eine Substanz». Der Stagirite schreibt diese Ansicht «den Vielen und den Früheren» zu, a 8-12, d.h. den Vorsokratikern, die entgegengesetzte Ansicht aber, a 4-15, daß die Begrenzungen der Körper mehr Substanz sind als diese, «den Späteren und Weiseren als die Vorgenannten» (wohl Neupythagoreer und Altakademiker)[10].

---

10 Vgl. zu der letztgenannten Ansicht auch *V 8*, 1017b 17-21, wo sie «einigen» zugeschrieben wird. Da Platon der vorsokratischen Auffassung folgte, daß die Dinge nur Materie und in

Daß in *VII 3* das Argument in etwas Unmöglichem endet, liegt an einer fehlerhaften, einseitigen Beschränkung des «Subjekts» auf die Materie, in Prämisse I; denn «das, wovon alles übrige ausgesagt wird», d.h. das Subjekt, kann sowohl die Materie, als auch die Form, als auch das aus beiden zusammengesetzte Ding sein (s.o. 1029a 2-3).

Genau genommen, ist das zusammengesetzte Einzelding das letzte Subjekt aller kategorialen Aussagen (a 8, vgl. *Categ. 5* und *Phys. I 7*, 190a 36), Materie und Form hingegen nur, insofern sie Teilursachen im Einzelding sind, und jede der beiden mit ihm partiell identisch ist. So heißt es in *Metaph. V 8*, 1017b 15-16, daß Form und Materie «immanent in solchem sind, das nicht mehr von einem Subjekt ausgesagt wird», daß sie also im letzten Subjekt aller Aussagen, im Einzelding liegen. Wenn im Argument die Prämisse I der Ausdruck dafür ist, daß

> "das übrige von der Substanz ausgesagt wird, diese aber von der Materie" (1029a 23-24),

so besagt dies nach vorsokratischer Ansicht, daß die Substanz, z.B. Wasser,– ebenso wie die übrigen Eigenschaften – von der Materie als dem alleinigen Subjekt ausgesagt wird[11]. Nach Aristoteles' Lehre dagegen könnte die Substanz, d.h. das Naturding, von seiner Materie nur wie das Subjekt vom Subjekt ausgesagt werden, nämlich das aktuelle Subjekt von demselben Subjekt als potentiellem. Formallogisch gesehen ist diese Aussage dann eine tautologische, inhaltlich gesehen jedoch nur eine indirekt oder akzidentell identische Aussage; denn Potenz und Akt sind an sich nicht dasselbe, sondern zwei verschiedene Komponenten ein und desselben Dinges[12]. Keineswegs also kann die Materie allein beanspruchen, Subjekt und damit Substanz zu sein.

Veränderung sind, *Metaph. I 6*, 987a 29 ff.– denn nach seiner eigenen Annahme haben sie an der Formursache nur teil, die ja nicht in ihnen selbst liegt –, begegnet auch im platonischen Kontext der Ausdruck, daß die Ideen von der Materie ausgesagt werden, dem «Großen und Kleinen», 988a 11-13.

11 wie vergleichsweise z.B. von Sokrates seine Eigenschaften ausgesagt werden, s. *Metaph. I 3*, 183b 13-18.

12 Der Sachverhalt läßt sich auch aus *Buch VIII* entnehmen: Die Materie steht hier für die potentiale Substanz, die Formbestimmungen hingegen für dieselbe Substanz als aktuale, vgl. *Kap. 2*, 1042b 9 ff. Man beachte die Feststellung, 1043a 5-6, daß «bei den Substanzen das von der Materie Ausgesagte der Akt selbst ist». Das heißt: Was von der Materie selbst ausgesagt wird, wird so wie das Aktuale vom Potentialen ausgesagt, wie die aktuale Substanz von derselben Substanz als potentialer. Wie dann *Kap. 6* darlegt, bilden Materie und Form eine einzige Substanz, weil sie sich als Potenz und Akt einander ergänzen.Die Frage nach dem Wesen der Dinge hat, wie *Kap. VII 17* darlegt, logisch gesehen, eine tautologische Form: warum etwas es selbst ist, und muß daher für die wissenschaftliche Untersuchung in die Frage umgeformt werden: warum etwas etwas anderem zukommt, nämlich die Form des Dinges seiner Materie. Aber sie bleiben doch indirekt identisch, und zwar als Teilursachen ein und desselben Dinges.

c) Die Materie als das potentiell Seiende, *Metaph. VIII 3*

In engem Zusammenhang mit den zwei besprochenen Definitionen der Materie ergibt sich eine dritte, wonach sie das potentiell Seiende (τὸ δυνάμει ὄν) bzw. Potenz(prinzip), Potentialität (δύναμις) ist.

Wie die Untersuchung in Phys. I zeigt, führt Aristoteles das Begriffspaar «Potenz» (δύναμις) und «Akt» (ἐνέργεια) ursprünglich ein zur Lösung des Problems des Entstehens, Werdens[13]: Das, woraus die Dinge entstehen, ist kein Nichtseiendes an sich, sondern nur in gewisser Weise, nämlich ein potentiell Seiendes, und zwar in bezug auf das aktuell Seiende, das am Ende der Entstehung erreicht wird, 191b 27-34. Die Materie ist hier Potenz(prinzip) gegenüber der Form(ursache) als Akt(prinzip).

Zugleich deckt die Analyse des Entstehenden neben den zwei Prinzipien, Privation und Form, noch ein drittes auf, das ihnen zugrunde liegt, das «beharrende Subjekt», und kommt zur Definition der Materie als des ersten Subjekts, woraus die Dinge entstehen. Dieses ist also identisch mit dem potentiell Seienden bzw. mit dem Potenzprinzip.

Die in *Metaph. VII 3* definierte Materie setzt Aristoteles wiederum mit dem potentiell Seienden gleich; denn in *Buch VIII 1*, wo er die Ergebnisse von *Buch VII* nochmals kurz zusammenfaßt, bringt er die Materie-Definition in dieser abgeänderten Form:

> "Materie aber nenne ich das, was kein bestimmtes Ding in Akt ist, sondern potentiell ein bestimmtes Ding", 1042a 27-28.

Gemeinsam mit der Definition in *VII 3* ist ihr das Merkmal des Unbestimmten, das in *VIII 1* weiter als das Potentielle gekennzeichnet wird.

Allgemein gesehen, kommt der Materie das Merkmal der Potenz aus ihrem Gegensatz zur Form zu, welcher der Akt ebenso entspricht wie der Materie die Potenz:

Form	~	Akt
Materie	~	Potenz

Dieses Verhältnis ist in beiden Definitionen, in *Phys. I 9* und *Metaph. VII 3*, anwesend; denn Materie und Form sind die konstitutiven Ursachen für das Entstehende: Die Materie, die nach *Phys. I 9* das Subjekt ist, woraus ein Ding

13 In *Metaph. IX 6 ff.* werden die Begriffe Potenz und Akt in ihrer Bedeutung erweitert und vertieft zu zwei Weisen des Seienden überhaupt. Dem entspricht ihre vielfältige analoge Anwendung in den aristotelischen Schriften, auf verschiedenen Gebieten des Seienden: sowohl im Materiellen, als auch im Immateriellen; und was den psychischen Bereich betrifft, sowohl im Ethischen, als auch im Epistemologischen.

entsteht, nimmt dessen spezifische Bestimmungen von der Formursache auf. Daher kann die Materie in *Metaph. VII 3* auch wiederum als das definiert werden, was nach Wegnahme der Formbestimmungen eines Dinges übrigbleibt. Beide Definitionen enthalten somit die dritte, wonach die Materie das für die Form Aufnahmefähige ist und d.h. das Potentielle, das für den Akt Empfängliche[14].

2) Der Bezug der Materie-Definitionen auf die Elemente, nach *De caelo IV 1-3* und *De gen. et corr. I-II*

a) Die Elemente als erste Materie, erstes Substrat, woraus die zusammengesetzten Naturdinge entstehen und worein sie vergehen

Die drei besprochenen Materie-Definitionen sind zwar begrifflich allgemein formuliert und stützen sich auf prinzipielle Überlegungen, gehen aber gleichwohl von der Erfahrung der entstehenden Naturdinge aus und sind an deren «erster Materie» ausgerichtet, den sog. Elementen[15]. Diese heißen manchmal «Materie» der Naturdinge, manchmal auch «erste Materie», im Vergleich zu den spezielleren, «zweiten» Materien. Die Analyse der speziellen Materien führt, durch fortgesetzte Teilung, zunächst zu den «ungleichteiligen» Materien (z.B. bei den Lebewesen zu den Organen, als ungleichen Teilen), dann zu den «gleichteiligen» (z.B. Fleisch, Knochen, deren Teile einander gleich sind), und schließlich zu den sog. Elementen.

Wenn die drei Materie-Definitionen, wie gesagt, von den Naturdingen her und ihrer «ersten Materie», den Elementen, gewonnen worden sind, dann müssen sie wiederum auf die Elemente bezogen werden können, was auch die einschlägigen Textstellen bestätigen: Wie sich aus *Phys. I 9* ersehen läßt, kommt ja unser Philosoph in Auseinandersetzung mit den vorsokratischen Ansichten von den materiellen Prinzipien oder Elementen zu seiner

---

14 Zur Materie als δύναμις, synonym mit δεκτικόν, siehe *De gen. et corr. I 4*, 320a 2; *I 10*, 328b 11; *De an. II 2*, 414a 10. Erwähnt wird Platons Begriff der Materie als πανδεχές *(Tim. 51a)*, in *De gen.et corr. II 1*, 329a 15, und als μήτηρ, *Phys. I 9*, 192a 14, als gleichsam für die Formen empfänglicher Mutterboden. Da in den Naturdingen die Form- mit der Wirkursache zusammengeht, wird die ihnen gegenüberstehende Materie, das Potentielle, auch als das Leidensfähige gekennzeichnet, cf. *II 5*, 324b 19.

15 In *Metaph. V 3*, 1014a 26-27, ist das Element definiert als «das, woraus etwas zusammengesetzt ist, als aus einem ersten (Prinzip), das (ihm) innewohnt und der Art nach in keine andere Art mehr teilbar ist». Es ist zwar beliebig teilbar, aber die Teile ergeben keine anderen Arten als die des Elementes, cf. *De caelo III 3*. Dieses ist also in sich gleichartig und heißt daher auch «einfacher Körper», *Gen. et corr. II 3*, 330b 2 u. 8; *De caelo III 1*, 289a 29, u.ä. Die Elemente als "erste Materie": V 4, 1014b 32, 1015a 7.

eigenen Definition der Materie und übernimmt sogar manches von diesen Ansichten. Ferner zeigt sich in der Schrift *De generatione et corruptione*, über Entstehen und Vergehen der Naturdinge, daß in *Buch I* die Untersuchung der ihnen zugrundeliegenden Materie zu den Elementen führt, denen dann das ganze *Buch II* gewidmet ist. Wegen ihrer Wichtigkeit soll die Schrift hier näher betrachtet werden:

In *De gen. et corr. I Kap. 1-2* geht Aristoteles wieder (wie in *Phys. I*) von der wesentlichen Unterscheidung aus zwischen der eigenschaftlichen Veränderung (ἀλλο ωσις) an einer Substanz und dem Entstehen bzw. Vergehen (γένεσις, φθορά) der Substanz selbst, das sich an deren Materie vollzieht. Während bei der Veränderung die Substanz (in bezug auf diese) unverändert beharrt, 314b 3-4, betrifft das Entstehen/Vergehen das innere Verhältnis von Form und Materie in der Substanz und bedeutet eine Umwandlung (μεταβολή) der ganzen Substanz selbst «von diesem (Ding) in dieses als ganzes», 317a 21 ff.

In Auseinandersetzung mit den Vorsokratikern klärt der Stagirite, wie auch in *De caelo IV 1-3*, welcher Art das Substrat des Entstehens/Vergehens, d.h. die zugrundeliegende Materie, sein muß. Sie kann nicht nur ein einziges Element sein – gegen die vorsokratischen Monisten –, weil sonst keine Umwandlung von Einem in ein Anderes stattfände, sondern nur Veränderung, und so das Enstehen/Vergehen auf bloß eigenschaftliche Veränderungen an der einen, selbst unveränderlichen Substanz reduziert würde. Daher müssen mehrere Elemente vorliegen, wie auch Empedokles und Anaxagoras annehmen. Freilich bemerkt dann Aristoteles kritisch gegen beide, daß sie, entgegen dem Sinn ihrer eigenen Annahme, doch wieder versuchen, Entstehen und Vergehen auf eigenschaftliche Veränderungen der Elemente zu reduzieren, 315a 3 ff. Materie der entstehenden und vergehenden Naturdinge können aber auch nicht unendlich viele Elemente sein, wie Anaxagoras, Leukipp und Demokrit annehmen, weil sonst eine Erkenntnis von ihnen, die doch faktisch vorhanden ist, unmöglich würde (denn die Vernunft kann nicht unendlich Vieles durchgehen). Ferner können die Elemente weder unteilbare Körperchen, "Atome", sein – denn als Quanta müssen sie weiter teilbar sein –, noch aktuell ins Unendliche geteilt sein, weil sonst das Quantitative überhaupt aufgehoben würde, *Kap. 2.*

Ferner kann das Entstehen und Vergehen eines Naturdinges nicht bloß durch Mischung und Trennung der Elemente geschehen, wie dies Empedokles, Anaxagoras, Leukipp und Demokrit lehren; denn das Entstehen und Vergehen bedeutet die Umwandlung des Dinges als ganzen, einschließlich seiner Materie als ganzer. Diese besteht aber aus den Elementen, und die Mischung bzw. Trennung der Elemente bedeutet für sie nur eine eigenschaftliche Veränderung, keine Umwandlung von Einem in ein Anderes als ganzes, 317a 19 ff. Unser Philosoph sieht hier gerade den entscheidenden Irrtum, «worin alles fehlgeht». Daher besteht er (gegen Empedokles, *I 1*, 315a 3 ff., *II 6*) nachdrücklich darauf, daß die Elemente sich ineinander umwandeln, und daß jede ihrer Umwandlungen ein sustantielles Entstehen/Vergehen ist.

Übrigens ist das Entstehen und Vergehen der Elemente ineinander nicht nur für das Entstehen/Vergehen der Naturdinge notwendig, deren Materie aus den Elementen besteht, sondern auch für die eigenschaftlichen Veränderungen an diesen Dingen, vgl. *II 4*, 331a 9: «sonst gäbe es keine Veränderung»; denn diese erfolgt aufgrund der Umwandlungen der Elemente, und zwar in ihren elementaren Eigenschaften.

Die Lehre «über die sogenannten Elemente» wird in *Buch I 6* angekündigt als solche «über die Materie» der Dinge, 322b 1-2, und in *Buch II 1* ff. dann näher ausgeführt (wie auch in *De caelo* und *Meteorologica*). Aus dem Gesichtspunkt heraus, daß die Elemente «die zugrundeliegende Materie» für die «wahrnehmbaren Körper» der «von Natur zusammengesetzten Substanzen» sind, 398b 31 ff., ergeben sich notwendig mindestens vier gegensätzliche Eigenschaften, die der sinnlichen Erfahrbarkeit der Körper entsprechen: Kalt – Warm, sowie Trocken – Feucht. Von den sechs Kombinationen sind zwei nicht möglich, nämlich die, welche je die zwei Gegensätze selbst vereinigen würden. Die restlichen vier aber finden sich in den vier Elementen, *Kap. 3*:

trocken ⟷ feucht   feucht ⟷ trocken
kalt   kalt ⟷ warm   warm

ERDE   WASSER   LUFT   FEUER

Die Umwandlung der Elemente kann sowohl zwischen den benachbarten Elementen geschehen, – als auch zwischen den sich gegenüberliegenden. Im ersten Fall erfolgt ein Austausch (im Schema symbolisiert durch Doppelpfeile) je einer Eigenschaft der entsprechenden Elemente, im zweiten Fall ein Austausch der beiden Eigenschaften, wobei die zwei je übrigen Elemente entstehen, *Kap. 4-5*.

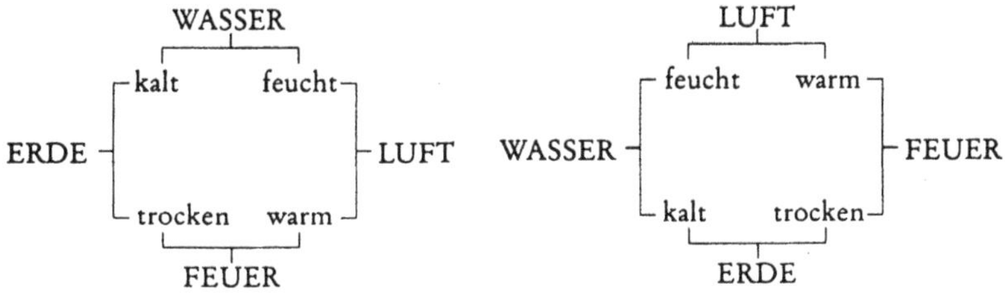

Die *Kapitel 7* und *8* legen schließlich dar, wie sich aus den Elementen die "gemischten" Materien bilden bis zu den spezifischen der Naturdinge (z. B. Fleisch und Knochen, unter Einwirkung der Form-, Bewegungs-, Zwekkursachen), wobei sich die extremen Eigenschaften der Elemente zu immer differenzierteren mittleren Zuständen ausgleichen.

Zusammenfassend gesehen, ergibt sich aus der gesamten Lehre von den Elementen, daß sie genau die Definition der Materie erfüllen, wie die oben besprochenen *Phys.*- und *Metaph.*-Stellen dies darlegen, nämlich «erstes Substrat» zu sein, «woraus jedes Ding entsteht und worein es vergeht». Auf dieses Ergebnis werden wir unten wieder zurückkommen.

b) Die Materie als das formlose, unbestimmte Prinzip

Daß die Elemente auch den zwei anderen Materie-Definitionen entsprechen, d.h. daß sie gegenüber dem Form- bzw. Aktprinzip der Naturdinge das formlose, unbestimmte Prinzip bzw. das potentiell Seiende sind, leuchtet ohne weiteres ein; denn mögen die Elemente selbst schon Formen haben und (in gewissem Maße) schon bestimmtes Seiendes, Substanzen, sein, so verhalten sie sich doch gegenüber den komplexen Naturdingen noch gänzlich unbestimmt: Sie sind an sich weder Pflanze, noch Tier oder Mensch.

Da die Definition in *Metaph. VII 3* durch den Kontext des *argumentum ad impossibile* nur auf die Materie der Elemente ausgerichtet zu sein scheint, könnte sie so mißverstanden werden, als ob sie nur von dieser Materie spreche. Hinzu kommt, daß die Definition die Materie als eine solche kennzeichnet, die «an sich» weder ein bestimmtes Ding, noch etwas Quantitatives usw. ist, was eigentlich nur auf die Materie der Elemente zuzutreffen scheint, die an sich, in ihrem Wesen, ohne jede Formbestimmung ist, (s. u. Punkt 3). Doch ist zu bedenken, daß mit dem «an sich» das gemeint ist, was die Materie «an sich» gegenüber dem Entstehenden ist. Wenn nun das Entstehende die Naturdinge: Pflanzen, Tiere, Menschen sind, so ist demgegenüber die Materie «an sich» noch kein solches bestimmtes Ding mit seinen spezifischen Eigenschaften. Dies trifft aber ohne weiteres auf die Elemente zu; denn sie sind, wie gesagt, noch keines der zusammengesetzten Naturdinge, denen sie als Materieursache dienen.

Bestätigt wird diese Interpretation durch eine wichtige Textstelle in *De caelo III 8*, 306b 16 ff., die das «Subjekt» (ὑποκείμενον) der zusammengesetzten Dinge als «formlos und gestaltlos» (ἀειδὲς καὶ ἄμορφον) bezeichnet in bezug auf die Formen der entstehenden Dinge, für die es aufnahmefähig ist, und hierbei die Elemente nennt, die «wie Materie für die zusammengesetzten Dinge sind» (τὰ στοιχεῖα ... ὥσπερ ὕλη τοῖς συνθέτοις). Als solche dienen die Elemente gerade durch ihre Fähigkeit, sich ineinander umzuwandeln (διὸ καὶ δύναται μεταβάλλειν εἰς ἄλληλα). Der Text in *Metaph. IX 7* erwähnt von der «ersten Materie», den Elementen, wie dem Feuer, daß sie gegenüber den Dingen, die aus ihr hervorgehen, «unbestimmt» ist (ἀόριστα, 1049b 2).

Aus alledem ergibt sich auch eine Übereinstimmung der Definition in *Phys. I 9* mit der in *Metaph. VII 3*; denn auch in *Phys. I* wird die Materie, woraus als erstem Subjekt/Substrat alles entsteht, als «formlos», «gestaltlos», «ungeordnet», *Kap. 7*, als «ungegliedert», *II 1*, gekennzeichnet. – Vgl. auch *Metaph. V 4*, 1014b 27.

c) Die Elemente als das potentiell Seiende gegenüber dem Aktprinzip der (zusammengesetzten) Naturdinge, *De gener. et corr. I 3 ff.*

Daß auch die dritte Definition der Materie, als des potentiell Seienden, auf die Elemente bezogen werden muß, geht aus den soeben genannten Textstellen mit hervor; denn das gegenüber dem Formprinzip unbestimmte Prinzip ist natürlich das Potentielle. Nach *Metaph. IX 7* sind «das potentiell Seiende» die verschiedenen Materien, d.h. die «zweiten», speziellen, wie auch die «erste», sc. die Elemente, gegenüber dem jeweils unmittelbar aus ihnen Entstehenden.

Der Text in *XII 5* spricht von Akt und Potenz als zwei analog allgemeinen Prinzipien in den Naturdingen und führt als Potenzprinzip die Elemente an. So sind «zum Beispiel von einem Menschen Ursache die Elemente, Feuer und Erde, als Materie, und die (ihm) eigene Form» (1071a 13-14, cf. a 24-25).

Hinzu kommt ein wichtiger Text in *De gen. et corr. I 3*, der hier näher interpretiert werden muß: Das *Kap. 3* erörtert in kunstvoller Weise eine Reihe miteinander zusammenhängender Aporien, um durch ihre Lösung das Wesen der Materie aufzuklären, die dem Entstehen und Vergehen der Naturdinge zugrunde liegt.

Die 1. Aporie (317a 33 ff.) ist die uns auch aus *Phys. I* bekannte, wie nämlich aus Nichtseiendem etwas entstehen kann; denn das schon Seiende braucht nicht mehr zu entstehen. Aristoteles' Lösung, daß das Nichtseiende, woraus die Dinge entstehen und dann aktuell sind, kein Nichtseiendes an sich, sondern das «potentiell Seiende» ist (317b 14 ff.), führt erst recht eigentlich zu einer «erstaunlichen Aporie» (b 19), der 2., von welcher Art dieses potentiell Seiende ist (b 21 ff.). Wenn es nämlich nichts Aktuelles hat, auch keine echten Eigenschaften (der Quantität, Qualität, des Raumes usw.), könnte es nicht als Seiendes, «getrennt für sich» existieren. Es wäre dann ein Nichtseiendes an sich, aus dem nichts entstehen könnte. Wenn es dagegen aktuelle Eigenschaften hat, ohne selbst schon aktuell Substanz zu sein, dann ergibt sich das Unmögliche, daß die Eigenschaften früher als die Substanz aktuell existieren, unabhängig von ihr, während sie doch nur abhängig von der Substanz existieren können, nicht selbständig wie diese.

Aristoteles führt dann (318a 1 ff.) als eigene Ursachenart (neben der Bewegungsursache) die Materie ein; denn sie ist das Substrat des Entstehens/Vergehens der Naturdinge, das potentiell Seiende. Statt der Lösung der 2. Aporie folgt eine 3. (318a 13 ff.), deren Lösung auch die der 2. Aporie mit sich bringen wird. Sie ergibt sich, wie wir sehen werden, aus dem eigentümlichen Wesen der Elemente, welche die Materie, das potentiell Seiende, für die Naturdinge ausmachen.

Die 3. «ziemlich große Aporie» fragt nach der Ursache für die Kontinuität des Entstehens und Vergehens der Naturdinge (318a 13 ff.); denn sie vergehen in das Nichtseiende in einfachem Sinne, das «nichts» mehr ist, «weder ein bestimmtes Ding, noch ein Qualitatives, Quantitatives oder an einem Ort Befindliches» (a 15-16), so daß sich die Natur einmal erschöpft haben müßte. Die Lösung ergibt sich aus folgender Betrachtung (a 24 ff.):

- Das Vergehen von etwas (= eines aktuellen Dinges) bringt auch das Entstehen von etwas (= eines materiellen Substrats, eines potentiell Seienden) mit sich. Und umgekehrt:
- Das Entstehen von etwas (= eines aktuellen Dinges) bedeutet auch das Vergehen von etwas (= jenes potentiell Seienden). Damit erklärt sich die unaufhörliche Kontinuität der Naturprozesse, des Entstehens und Vergehens. Dieses wird hier näher differenziert:
- Dem «Vergehen einfachhin» (sc. eines aktuellen Dinges) entspricht ein «Entstehen in gewissem Sinne» (sc. eines materiellen Substrats, eines potentiell Seienden). Und umgekehrt:
- Dem «Entstehen einfachhin» (sc. des aktuellen Dinges) entspricht ein «Vergehen in gewissem Sinne» (sc. des nur potentiell Seienden).

Zur weiteren Frage, wie diese Unterschiede zu erklären sind (a 28 ff.), bringt dann die Antwort die entscheidenden Kriterien, die in den Artunterschieden (διαφοραί) bzw. der Form (εἶδος) einerseits und in der Materie (ὕλη) bzw. der Privation (στέρησις) andererseits liegen, im mehr und weniger Substanzsein (μᾶλλον οὐσία, 318b 14-18, 319a 1), dem (so darf man ergänzen) das aktuelle und potentielle Sein entsprechen:

- ein «einfaches Entstehen» (γένεσις ἁπλῆ) führt zur Substanz und ihrer Form hin,
- ein «einfaches Vergehen» (φθορὰ ἁπλῆ) führt von ihr weg. Dagegen:
- Ein «gewisses Entstehen» (γένεσις τις) führt zur potentiellen Substanz und zur Privation hin, d.h. zur Materie ohne die Form.
- Ein «gewisses Vergehen» (φθορά τις) führt hiervon weg (318b 10 ff, 33).

Der Sachverhalt kann im Schema so wiedergegeben werden:

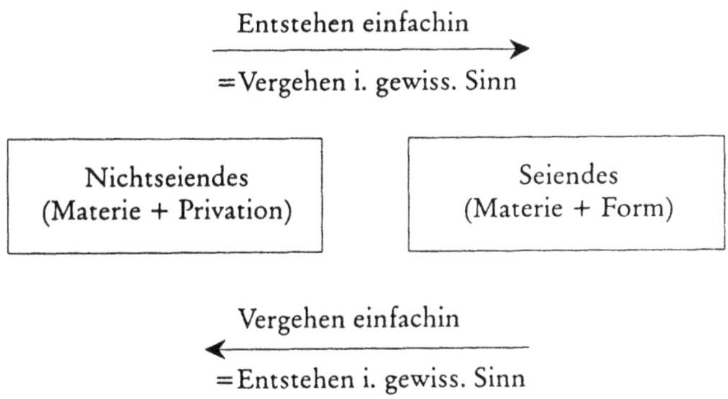

Derselbe Sachverhalt wird zuletzt so gekennzeichnet, 319a 27, daß das Wesen der Materie und des potentiell Seienden von der substantiellen Form und dem aktuell Seienden her seine Bedeutung erhält. Die Materie als das Potentielle zeigt sich somit unter zwei verschiedenen Aspekten:

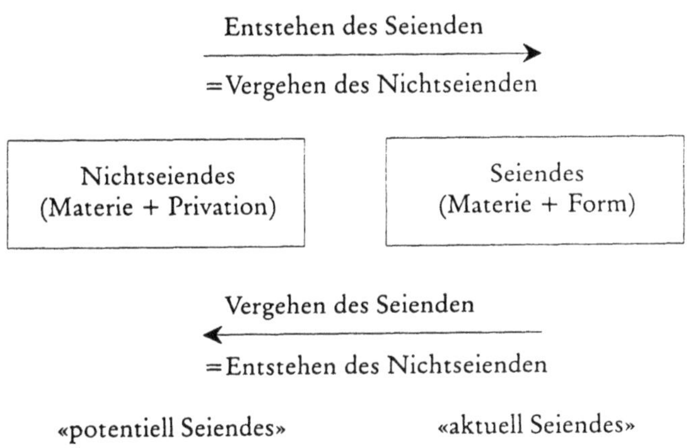

- Einerseits ist sie das, worein das «einfache Vergehen», der Verlust der substantiellen Form eines Dinges führt, und ist insofern ein «Nichtseiendes einfachhin» (in bezug auf das Ding) wegen der Privation der Form.
- Andererseits ist sie zugleich auch das Ziel eines «Entstehens in gewissem Sinne», das zu «etwas», einem Ding, führt, und ist insofern (so muß man ergänzen) nur ein Nichtseiendes in gewissem Sinne bzw. ein Seiendes in gewissem Sinne (319a 26, cf. *Phys.I 7-8*), fähig, die substantielle Form aufzunehmen.

Eine Stelle in *Metaph. VIII 1* (1042b 1-3) drückt denselben Sachverhalt so aus, daß beim substantiellen Entstehen und Vergehen die Materie, sc. das

Substrat, «jetzt als Dies-da (gemäß der Form des Naturdinges), dann wieder als Substrat der Privation nach» auftritt.

Da sich also die Materie der Naturdinge in deren Wechsel des Entstehens und Vergehens durchhält, ist die Kontinuität gewährleistet, womit die 3. Aporie gelöst wird. Und da die Materie, das potentiell Seiende, zwar einerseits (wegen der Privation) ein «Nichtseiendes einfachhin» (hinsichtlich der Form des entstehenden Dinges) ist, andererseits aber auch in gewissem Sinne ein Seiendes (fähig die Form aufzunehmen), muß es schon Eigenschaften haben. Dies führt zur 2. Aporie zurück. Aristoteles stellt sie sich nunmehr von neuem mit Bezug auf die Elemente (319a 30 ff.). Die Lösung ist mit einer Kritik an Parmenides' Elementenlehre verbunden, nach welcher sich Erde und Feuer zueinander wie Nichtseiendes zum Seienden verhalten sollen, oder aristotelisch gesprochen, wie die Materie ohne die Form zur Materie mit der Form. Aristoteles bedient sich zunächst einfachheitshalber dieser Lehre (318b 7 ff.), um seine Unterscheidung zwischen Entstehen bzw. Vergehen «einfachhin» und «in gewissem Sinne» zu erläutern, wodurch sich zwischen Erde und Feuer ein Verhältnis ergibt, das dem obigen Schema entspricht:

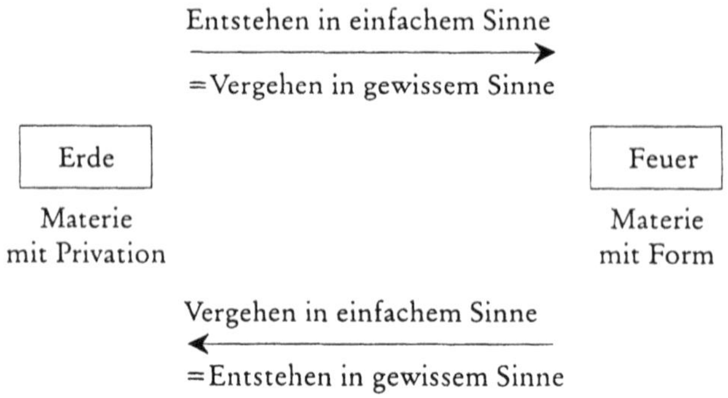

Doch betont schon dort Aristoteles, daß es ihm nur um die zu differenzierende Weise des Entstehens und Vergehens geht, nicht um den Inhalt der parmenideischen Lehre (b 9-10).

Diese Lehre korrigiert er dann weiter unten (319a 30 ff.) in einer aporetischen Erörterung, in der er die 2. Aporie wieder aufnimmt. Hinsichtlich der Materie, dem potentiell Seienden, das wegen der Privation der Form des entstehenden Dinges ein «Nichtseiendes einfachhin» ist, stellt er die Frage, ob diese Materie, wenn sie als Elemente mit ihren Gegensätzen vorliegt, ohne Form sein kann, so daß «das eine der entgegengesetzten» Elemente das Nichtseiende wäre, das andere aber das Seiende (wie bei Parmenides die Erde das Nichtseiende ist, das Feuer aber das Seiende, a 30-32), oder ob nicht vielmehr jedes Element schon ein Seiendes ist, und alle Elemente Materie mit einer Form haben. Für Aristoteles ist dies letztere der Fall. Weiter unten wird er zeigen (*II 5,* 332b 10-30), daß keines der vier Elemente gegenüber den anderen einen Vorrang hat und derart Prinzip wäre, daß sich die anderen aus ihm herleiteten (z.B. aus dem Feuer als dem Leichteren, weniger Sichtbaren, das Schwere und Sichtbare). – Es ergibt sich dann noch eine letzte Frage (a 34 – b 5), ob die Materie für jedes Element eine andere ist, oder für alle eine gemeinsame, die wir im nächsten Abschnitt besprechen werden.

Die aristotelische Untersuchung über die den Naturdingen zugrundeliegende Materie als das potentiell Seiende führt, wie sich gezeigt hat, zu den Elementen. Sie sind hinsichtlich der Form des jeweils aus ihnen entstehenden Dinges noch ein «Nichtseiendes einfachhin», aber an sich ein potentiell Seiendes, das an sich schon gewisse elementare Eigenschaften hat. Mit diesen sind sie aufnahmefähig für die substantiellen Formen der entstehenden Naturdinge.

Drohen dann aber nicht – dies war die 2. Aporie – Eigenschaften ohne aktuelle Substanz vorzuliegen? Durchaus nicht. Wenn nämlich auch die Elemente als solche noch keine der zusammengesetzten Natursubstanzen (Pflanzen, Tiere, Menschen) sind, so sind sie ihrerseits doch schon «beinahe Substanzen», wobei ihre elementaren Eigenschaften selbst als substantielle Formen fungieren. So löst sich die 2. Aporie auf. Weiter unten (*II 4-6*, cf. *De caelo II 6* und *Meteor. IV 1*) wird näher ausgeführt, daß sich die Elemente ineinander umwandeln, und daß diese Umwandlungen für sie jeweils ein substantielles Entstehen bzw. Vergehen sind. Jedes Element verhält sich dabei zu den anderen potentiell, wenn es auch selber schon in gewisser Weise eine Substanz ist.

3) Die Materie der Elemente selbst, nach *De gen. et corr. II 1*

Wenden wir uns nun der Materie der Elemente selbst zu, um zu prüfen, inwieweit die oben angeführten Materie-Definitionen auf sie anwendbar sind. Das Wesen dieser Materie hängt mit der besonderen Natur der Elemente zusammen, die ja die materielle Ursache der Naturdinge ausmachen und als solche von diesen wesentlich verschieden sind. So ist zunächst hierauf näher einzugehen.

a) Wesentliche Unterschiede zwischen den Elementen und den aus ihnen zusammengesetzten Naturdingen

1. Während die Naturdinge aus Materie und Form als komplementären Teilsubstanzen «zusammengesetzt» sind (συνθεταὶ οὐσίαι), bestehen die

Elemente nur aus ihrer Materie und gewissen entgegengesetzten Eigenschaften. Eine von diesen verschiedene Formursache ist nicht auszumachen; vielmehr stehen für sie die Eigenschaften selbst. Nach *De gen. et corr. II 1*, 329a 33-b 1, lassen sich in bezug auf jedes Element drei Prinzipien (ἀρχαί) unterscheiden: Erstens die seinen Eigenschaften zugrundeliegende Materie, zweitens die Eigenschaften selbst und drittens das aus beiden konstituierte Element.

Die Eigenschaften sind sowohl jene quantitativen (Dimensionen), die den substantiellen Körper bilden und den vier Elementenarten: Erde, Wasser, Luft und Feuer, sowie der fünften, dem Äther (der Himmelskörper), gemeinsam sind, als auch gewisse qualitative Gegensätze: Trocken – Feucht, Kalt – Warm, d.h. die für die ersten vier Elementenarten spezifischen Artunterschiede (διαφοραὶ καὶ ἐναντιώσεις, 329b 19 ff., 330a 25 u.ä.). Nach *Metaph. VIII 2* können auch Eigenschaften, wo sie die Artunterschiede (διαφοραί, 1042b 15 ff.) eines Dinges ausmachen, als Prinzipien/ Ursachen des aktuellen Seins (b 32-33, 1043a 3), d.h. als Formursache für dieses Ding fungieren.

Mit der Tatsache, daß die Elemente, als «erste Materie», noch keine eigentliche, substantielle Formursache haben, sondern stattdessen nur gewisse materielle Eigenschaften, hängt die andere zusammen, daß die Elemente sich in ständiger Umwandlung ineinander befinden und nur auf diese Weise «sind». Dieses «sich immer vollziehende Entstehen» kommt aber «der Substanz (nur) sehr nahe», wie Aristoteles mit Blick auf die zirkuläre Umwandlung der Elemente ineinander feststellt (*Gen. et corr. II 10*, 336b 39 ff.). Auch von der Materie der Elemente selbst sagt er, daß sie der Substanz nur sehr nahe kommt (*Phys. I 9*, 192a 6; *De caelo IV 3*, 310b 33).

2. Während bei den komplexen Naturdingen sowohl substantielles Entstehen/ Vergehen (γένεσις, φθορά), als auch eigenschaftliche Veränderungen (ἀλλοιώσεις) geschehen, kommt bei den Elementen nur das erstere vor. Der Austausch der Eigenschaften hat – da sie als (quasi-) substantielle Formen fungieren – hier bereits den Rang eines substantiellen Entstehens/ Vergehens (γένεσις, φθορά) und bedeutet die gänzliche Umwandlung der Elemente selber ineinander. Der Austausch ist hier keine eigenschaftliche Veränderung (ἀλλοίωσις). Dem entspricht, daß die zugrundeliegende Materie keine für sich bestehende Substanz mehr ist.

3. Während die komplexen Naturdinge aus einer ihnen vorausliegenden und von ihnen verschiedenen Materie entstehen, und zwar letztlich aus den Elementen – die ein «Nichtseiendes» gegenüber den aus ihnen entstehenden Dingen sind –, kann dies bei den Elementen selbst, bei der «ersten Materie», nicht mehr ebenso geschehen. Sie haben kein Entstehen mehr aus einer von

ihnen verschiedenen, ursprünglicheren Materie, ebensowenig ein Vergehen in eine solche Materie. Vielmehr entstehen die Elemente auseinander und ineinander. Sie vollziehen also Umwandlungen nicht von Nichtseiendem zu Seiendem, wie dies bei den komplexen Naturdingen geschieht, sondern von Seiendem zu Seiendem und wieder in Seiendes.

4. Da die Umwandlung der Elemente ineinander eigentlich nur ein Austausch der Eigenschaften ist (ohne daß dieser nur eine ἀλλοίωσις wäre), muß ihm eine gemeinsame Materie zugrunde liegen. Oder anders gesagt, die Elemente müssen eine gemeinsame Materie haben. Zu diesem Ergebnis kommt der Text in *De gen. et corr. I 3*, 319a 34 – b 5, der die Aporie erörtert, ob die Materie für jedes der Elemente eine verschiedene sei, da diese andernfalls nicht auseinander entstehen könnten, d.h. aus Entgegengesetztem; denn die Elemente sind einander mitsamt ihrer Materie entgegengesetzt. Die Lösung der Aporie lautet so: «In gewisser Hinsicht ist die Materie dieselbe, in anderer nicht. Das nämlich, was sie auch immer (selber) sein mag, liegt als dasselbe zugrunde. Doch das Sein (der Materie) ist nicht dasselbe». Gemeint ist das aktuelle Sein der Materie mit dieser oder jener elementaren Form (als Erde, Wasser, Luft und Feuer). Dann ist die Materie die gemeinsame als das Substrat, das sich potentiell zu diesen Formen bzw. den Elementen verhält, und dessen Wesen selbst an sich insofern unbestimmt ist («was es auch immer sein mag»).

Im Gegensatz zu diesen Verhältnissen bei den Elementen haben die Naturdinge (z.B. Pflanzen und Tiere), da sie nicht auseinander entstehen, keine gemeinsame Materie. Vielmehr hat hier jede Spezies ihre eigene, spezifische Materie.

Zwar könnten für all Dinge die Elemente als gemeinsame Materie erscheinen, aber sie sind von den komplexen Naturdingen noch zu weit entfernt und noch nicht im eigentlichen Sinne «potentiell» dieses oder jenes von ihnen, vielmehr sind dies erst die je spezifischen Materien. Sie sind jede Spezies «potentiell» und konstituieren zusammen mit der Formursache jedes Naturding als Substanz.

Wären – statt der verschiedenen, spezifischen Materien – die Elemente das unmittelbare materielle Subjekt der Naturdinge und die einzigen natürlichen Substanzen, so liefe dies auf einen Materialismus (wie bei den Vorsokratikern) hinaus, der die Naturdinge als selbständige Substanzen aufhöbe und sie auf Phänomene der Elemente reduzierte. Und würde man gar die gemeinsame Materie der Elemente auch als die eine, gemeinsame Materie der Naturdinge betrachten, so liefe dies geradezu auf einen materialistischen Monismus hinaus (wie bei den vorsokratischen Monisten).

Aus alledem wird der Unterschied deutlich, der zwischen den Naturdingen und den Elementen besteht, sowie zwischen der Materie, welche die Elemente gegenüber den Naturdingen sind, und der Materie der Elemente selbst.

b) Die Natur der Materie der Elemente

Wie sich aus dem soeben angeführten Text aus *De gen. et corr. I 3*, 319a – b 5, entnehmen läßt, ist die Materie der Elemente eine ihnen gemeinsame, vgl. *II 5,* 332a 18. Sie ist das gemeinsame Substrat ihrer quantitativen und qualitativ-gegensätzlichen Eigenschaften; sie liegt «den entgegengesetzten» Elementen zugrunde, *II 1*, 329a 31.

Als Substrat muß die Materie der Elemente von ihren gegensätzlichen Eigenschaften real verschieden sein, ist aber gleichwohl mit ihnen untrennbar verbunden (οὐ χωριστήν, ἀλλ' ἀεὶ μετ' ἐναντιώσεως, a 25-26).

Im übrigen benennt Aristoteles nur an der vorliegenden Stelle die Materie der Elemente wie diese wiederum als «erste Materie», zusammen mit dem platonischen Vergleich der Materie als «Amme», «Nährmutter» (a 23-24). Als real verschieden von den wahrnehmbaren Eigenschaften der Elemente muß die zugrundeliegende Materie selbst eigenschaftslos sowie «nicht wahrnehmbar» sein («unsichtbar», ἀναίσθητος), und insofern unbestimmt sein, nur «potentiell ein wahrnehmbarer Körper» (a 33). Wenn aber auch in sich selbst eigenschaftslos, ist die Materie der Elemente doch kein in jeder Hinsicht und d.h. absolut Unbestimmtes oder eine bloße Denkmöglichkeit. Vielmehr ist sie bestimmt als reale Potenz/Vermögen (δύναμις) zu den elementaren Eigenschaften, in denen sie sich äußert.

Man beachte hierzu, daß Aristoteles gelegentlich den Begriff δύναμις auch für eine Eigenschaft verwendet, der sonst (aktives oder passives) Vermögen bedeutet. In naturphilosophischen Texten kann er aber auch für das ganze Element mit seiner entsprechenden Eigenschaft stehen.

Die Materie ist demnach das ihnen zugrundeliegende Vermögen, das sich in ihren (quantitativen und qualitativen) Eigenschaften äußert.

Aus den *Kap. II 4-5*, die von den Umwandlungen der Elemente in ihre gegensätzlichen Eigenschaften handeln, geht hervor, daß die zugrundeliegende Materie, als unwahrnehmbare und (von den Eigenschaften) untrennbare, «das Mittlere» zwischen ihnen ist (332a 35-36). Vom Wesen dieser Materie wird also am ehesten etwas in den mittleren Übergangsphasen der Umwandlungen erkennbar, wenn beim Austausch der Eigenschaften die eine schon abgegangen und die andere erst im Kommen ist.

c) Die Schwierigkeit, die oben genannten Materie-Definitionen auf die Materie der Elemente anzuwenden

Unsere Untersuchung hat deutlich gemacht, daß zwischen der Materie, welche die Elemente gegenüber den aus ihnen zusammengesetzten Naturdingen sind, und der Materie der Elemente selbst wesentliche Unterschiede bestehen: Die Elemente sind wahrnehmbare Körper, mit gewissen Formen/Eigenschaften, und entstehen auseinander bzw. vergehen ineinander. Dagegen ist die Materie der Elemente selbst nur noch «potentiell ein wahrnehmbarer Körper», ohne eigene Formen/Eigenschaften, ohne Entstehen und Vergehen.

Daraus läßt sich vermuten, daß die drei oben gen. Definitionen, die von den Elementen als Materie der Naturdinge erfüllt werden, nicht gleicherweise auf die Materie der Elemente anwendbar sind, die ja gleichsam die Materie der Materie der Naturdinge ist. Tatsächlich erhält sie bei Aristoteles an den soeben angeführten Stellen, in *De gen. et corr.*, ihre eigene Definition.

1. Da die Definition in *Phys. I 9* auf das erste materielle Substrat geht, woraus jedes Naturding entsteht, kann sie nicht auf die Materie der Elemente bezogen werden; denn diese ist nicht unmittelbar das Woraus der Naturdinge, sondern nur der Elemente, und auch für diese nicht eigentlich. Vielmehr entstehen die Elemente auseinander, d.h. jedes Element aus einem anderen Element (Materie + Eigenschaften).

2. Die Definition in *Metaph. VII 3* geht nicht, wie die vorsokratisch geführte Argumentation nahelegen möchte, von den Elementen aus, sondern von den komplexen Naturdingen, von denen alle Kategorien, die der Substanz und die der Akzidenzien oder Eigenschaften, ausgesagt werden. Von den Elementen gilt dies aber nicht mehr in vollem Maße; denn bei ihnen verkürzt sich gewissermaßen die Kategorie der Substanz zu den Kategorien gewisser quantitativer und qualitativer Eigenschften. Sie sind nur «beinahe Substanz».

3. Die Definition in *Metaph. VIII 1* ist wiederum allgemein gehalten und geht auf die Materie als Potenz(prinzip) gegenüber jedem Form- bzw. Aktprinzip. Dagegen ist die Materie der Elemente nur Potenz zu wenigen elementaren (quantitativen und qualitativen) Eigenschaften. Sie ist geradezu dadurch charakterisiert, daß sie ihr aktuelles Sein schon von solchen primitiven Eigenschaften erhält. Sie wäre gar nicht fähig, eine der eigentlichen Formursachen der komplexen Naturdinge unmittelbar aufzunehmen. Eine solche Aufnahmefähigkeit oder Potentialität besitzen erst die Elemente. Genaugenommen auch sie noch nicht, sondern erst die aus ihnen aufgebauten spezifischen Materien der Naturdinge. (Näher gesehen, wirken bei diesem Aufbau die spezifischen Form-, Bewegungs- und Zweckursachen mit. Sie bereiten sich sozusagen die Materien qualitativ selber zu, mit denen sie sich verbinden).

4) Stellungnahme zu Problemen moderner Interpretationen von Aristoteles' Materie-Auffassung

a) Probleme moderner Interpretationen

Abschließend seien moderne, an Aristoteles Kritik übende Interpretationen und ihre Probleme erwähnt, um dann zu ihnen Stellung zu nehmen.

Cl. Baeumker hat zum ersten Mal die zwei Definitionen in *Phys. I 9* und *Metaph. VII 3* als widersprüchlich angesehen und behauptet, daß ihnen zwei gegensätzliche Materie-Auffassungen zugrunde lägen (a.a.O. 247 ff.). In *Phys. I* sei die der Form- und Wirkursache gegenüberstehende Materie «nicht die bestimmungslose bloße Möglichkeit des Körpers», sondern «ein wirkliches, bestimmtes Seiendes mit eigenen Kräften, welches gerade durch diese Eigentümlichkeit die Vorbedingungen für ein höheres Prinzip und dessen Thätigkeit bietet» (250). Dagegen betrachte Aristoteles in *Metaph. VII 3* «die in sich jeder Wirklichkeit entbehrende, bloß mögliche "erste Materie"» (247). Zu dieser komme er dadurch, daß er fälschlich das Verhältnis von Form und Materie bei den Lebewesen – den sog. Hylemorphismus – auf das Anorganische, die Elemente, übertrage. Er lasse die Elemente wieder aus Form/Akt und Materie/Potenz zusammengesetzt sein und denke hier die Materie als «völlig bestimmungslose Möglichkeit», «ohne daß etwas wäre» (251). Baeumker bestreitet «die Denkmöglichkeit dieses bloß möglichen Seienden» und kann ihr «keinerlei objektive Realität» zugestehen (ebd.): «Aber was sollen wir uns unter einer bloß potentiellen Substanz, einem An-und-für-sich-Seienden, welchem die Wirklichkeit noch fehlt, denken?» (255). Er sieht in Aristoteles' Hinweis, daß die erste Materie der Elemente niemals ohne Form existiere, «das Zugeständnis, daß die erste Materie als solche überhaupt keine Substanz sei» (256). Die Aporie in *De gen. et corr. I 3*, 317b 2 ff., wonach die Materie als einfachhin Nichtseiendes (μὴ ὄν ἁπλῶς) nicht das Woraus der Dinge sein könne, versteht Baeumker als einen unlösbaren aristotelischen Konflikt mit der physikalischen Welt. Er hält den Begriff des Realmöglichen überhaupt für selbstwidersprüchlich.

Auch J. de Vries betrachtet, ähnlich wie Baeumker, die zwei Definitionen in *Phys. I 9* und *Metaph. VII 3* als unvereinbar und kennzeichnet die erste Definition als «physische», die zweite als «metaphysische», teilweise auch als «logische». Die erste Definition gehe auf das Substrat des Werdens und der Veränderungen in der Natur, das ein reales Koprinzip der Form sei. Die zweite dagegen gehe auf das Substrat/Subjekt aller aussagbaren Bestimmungen, das etwas gänzlich Unbestimmtes, «reine Potenz» sei, ohne eigenen Seinsbestand. In einem historischen Rückblick versucht de Vries zu zeigen, daß schon die mittelalterlichen Kommentare mit diesem Widerspruch bei Aristoteles gerungen hätten: Die thomistische Richtung lege die erste Materie der Elemente als rein Potentielles aus, die skotistische hingegen als etwas schon aktuell Existierendes. De Vries selbst vermutet, daß die zwei Definitionen vielleicht überhaupt nicht von derselben Materie sprächen (a.a.O. 185), sondern die eine von einer physischen, die andere von einer metaphysischen und teilweise nur logischen, und gesteht, keinen Zusammenhang zwischen beiden zu sehen (167 ff.). Hinsichtlich der Naturdinge orientiert er sich durchgehend an den Elementen und ihren Umwandlungen und äußert sich kritisch über die aristotelische Lehre von ihrer Zusammensetzung aus Materie und Form (den sog. Hylemorphismus).

Auch J. Owens sieht die zwei Definitionen in *Phys. I 9* und *Metaph. VII* 3 in Widerspruch zueinander, aber in anderer Weise als Baeumker und de Vries. Während nach diesen der «physikalische» Begriff die Materie als ein bestimmtes Naturprinzip vorstelle, der «metaphysische» dagegen als etwas Unbestimmtes, führt nach Owens umgekehrt die «physikalische» Betrachtung zur Materie als Unbestimmtem, hingegen die «metaphysische» bzw. die von ihr verwendete «logische» Betrachtung zur Materie als bestimmtem (Aussagen-)Subjekt. Allgemein entstehen nach Owens dadurch Konflikte, daß Begriffe der empirischen Wissenschaften «in das Prokrustes-Bett eines geschlossenen logischen Systems» gezwängt würden (80), d.h. im vorliegenden Fall, daß der Materie-Begriff der Physik, der hier in letzter Analyse als etwas völlig Unbestimmtes übrigbleibt, von Aristoteles auch zum letzten logischen Subjekt aller Aussagen gemacht werde. Das Hauptproblem sieht Owens in der Feststellung von *Metaph. VII 3*, 1029a 23-25: «Alles andere wird von der Substanz ausgesagt, und diese von der Materie». Wenn von der Materie überhaupt etwas ausgesagt werden könnte, dann nur in denominativer Form, d.h. so, wie Eigenschaften von einem Subjekt ausgesagt würden. Daß aber eine substantielle Form von der Materie ausgesagt werde, sei unmöglich.

Zusammenfassend gesehen, treten aus den erwähnten Interpretationen folgende grundsätzlichen Probleme hervor:

1. Das erste Problem betrifft den sog. Widerspruch zwischen dem Begriff der Materie als bestimmter Naturursache, in *Phys. I 9*, und dem der Materie als etwas gänzlich Unbestimmten, als reiner Potenz, in *Metaph. VII 3*. Ob man nun den zweiten Begriff so versteht, daß er sich aus einer letzten naturphilosophischen Analyse ergibt, oder aus einer metaphysischen oder auch logischen Überlegung, immer ist er unvereinbar mit der für die Entstehung der Dinge geforderten Materialursache, die bereits eine bestimmte

Form/Struktur haben muß. Aus etwas gänzlich Unbestimmtem können keine Naturdinge entstehen.

2. Dabei erhebt sich auch ein aussagenlogisches Problem: Wenn nach Aristoteles das letzte Aussagen-Subjekt das konkrete Einzelding ist, dem die Form bzw. die Substanz zugesprochen wird, dann muß seine Gleichsetzung (in *Metaph. VII 3*) mit der gänzlich unbestimmten Materie in einen unlösbaren Konflikt führen; denn von der Materie, als dem gänzlich Unbestimmten, kann doch nicht die Form oder Substanz ausgesagt werden (sondern eher die Formlosigkeit, Unbestimmtheit und Substanzlosigkeit).

3. Wenn die Materie der Elemente etwas gänzlich Unbestimmtes ist, dann fragt sich, ob eine solche «erste Materie» überhaupt existieren und etwas objektiv Reales sein könne. Sie scheint eine bloße Denkmöglichkeit (ein Gedankending) zu sein, die sich nur daraus fälschlich ergibt, daß man die bei den Naturdingen angenommene Zusammensetzung aus Form und Materie auch für die Elemente annimmt. Und ferner fragt sich, ob nicht die «hylemorphistische» Naturerklärung, die alle Dinge als aus Form und Materie zusammengesetzt betrachtet, überhaupt aufgegeben werden muß.

b) Stellungnahme zu den genannten Problemen

Zu 1. Der bezeichnete Widerspruch löst sich dadurch auf, daß sich die Materie-Definitionen in *Phys. I 9* und *Metaph. VII 3* auf die Elemente beziehen, wie oben dargelegt, und auf diese voll zutreffen. Die einfachen Elemente bilden die «erste Materie» der Naturdinge und sind als solche einerseits bestimmte Substanzen sowie das «erste Substrat», woraus jedes Naturding entsteht (*Phys. I 9*), andererseits gegenüber den aus ihnen entstehenden (und dann aus ihnen «zusammengesetzten») Naturdingen noch gänzlich unbestimmt (*Metaph. VII 3*), weil sie noch keines von diesen sind. Übereinstimmend hiermit werden übrigens auch in *Phys. I 7-8* der Materie «Formlosigkeit», «Gestaltlosigkeit» und «Ungeordnetheit» zugesprochen, wiewohl die Elemente an sich schon gewisse elementare Formen haben. Erst die Materie der Elemente selbst ist ihrem Wesen nach gegenüber allen Formen unbestimmt. Aus ihr könnten schwerlich unmittelbar die Naturdinge (z.B. Lebewesen) entstehen. Doch lehrt dies Aristoteles auch nirgends. Vielmehr entstehen sie erst aus den Elementen bzw. aus deren Mischungen.

Zu 2. Die Materie der Naturdinge ist letztes Subjekt der Aussagen nur indirekt dadurch, daß sie, wie auch die Formursache,als konstitutive (Teil-) Ursache im Einzelding vorliegt, das allein «letztes (Aussagen-) Subjekt» im eigentlichen Sinne ist. So werden z.B. die Bestimmungen des Menschen an sich und eigentlich vom Individuum ausgesagt, hingegen vom Leib nur indirekt, sofern er das Möglichkeitsprinzip für jene Bestimmungen ist und die Formursache,die Seele, als Aktprinzip trägt.

Bei den Elementen verhält es sich anders, weil sie nicht mehr wie die komplexen Naturdinge aus Materie und substantieller Form als aus zwei Teilsubstanzen zusammengesetzt sind, sondern nur noch aus Materie und eigenschaftlichen Formen. Diese Eigenschaften werden von den Elementen und d.h. hier zugleich von ihrer Materie direkt als dem letzten Substrat/Subjekt ausgesagt. Die für die Elemente geltenden Verhältnisse werden von den Vorsokratikern fälschlich auf die komplexen Naturdinge (z.B. Lebewesen) übertragen, als ob auch sie nur aus Materie und Eigenschaften bestünden. Man vergleiche das argumentum ad impossibile in *Metaph. VII 3*, das aus vorsokratischem Standpunkt erfolgt und die Verhältnisse der komplexen Naturdinge zu solchen der Elemente reduziert. Sofern auch moderne Interpretation in den Naturdingen nichts anderes sieht als Materie und Eigenschaften an ihr, fällt sie gleichsam auf den vorsokratischen Standpunkt zurück, der die Formursachen der Naturdinge noch nicht kennt.

Die Formursache eines komplexen Naturdinges ist mehr als bloß eine Eigenschaft an dessen Materie und kann daher auch nicht wie eine Eigenschaft von ihr ausgesagt werden. (So ist z.B. die Seele eines Lebewesens keine Eigenschaft seines Leibes und kann von diesem nur indirekt, akzidentell ausgesagt werden, weil beide, Leib und Seele, konstitutive Teilprinzipien des ganzen Lebewesens sind; wie vergleichsweise auch bei den Eigenschaften z.B. das Weiße vom Gerechten nur insofern, indirekt, ausgesagt wird, als beides sich an demselben Subjekt, z.B. einem Menschen, findet.)

Zu 3. Die Materie der Elemente ist zwar an sich gegenüber allen Formen etwas Unbestimmtes (Ungeformtes), aber deshalb nicht ohne Realität, sondern ein reales Vermögen, gewisse elementare Eigenschaften zu haben und auszutauschen, mit denen sie untrennbar verbunden ist.

Die Schwierigkeit der Interpretation, etwas als schon existierend anzunehmen, das noch kein aktuales Sein hat, und die Kritik an der hylemorphistischen Auffassung von den aus Materie und Form zusammengesetzten Naturdingen, die für die Materie nur Potentialität übrigläßt, rührt von einem mangelnden Verständnis und Begriff der Formursache bzw. des Seinsaktes her. An sich können wir das aktual Seiende nur aufgrund der Formursache als des Aktprinzips verstehen. Das Problem der realen Potentialität stellt sich nicht erst bei der Materie der Elemente,sondern ebenso schon bei der der komplexen Naturdinge, und läßt sich nur von der Formursache her auflösen; denn in bezug auf diese ist die Materie die reale Möglichkeit jedes Naturdinges, die durch die Formursache realisiert wird.

Nur bei Vernachlässigung der Formursache könnte die Materie das an sich Potentiale, als Aktuales, ja als die alleinige Wirklichkeit mißverstanden werden, wie dies bei den Vorsokratikern geschehen ist, weil sie bei der Naturerklärung noch keine Formursachen im Blick gehabt haben. Auch ist bei ihnen der Unterschied zwischen dem Potentialen und dem Aktualen überhaupt noch nicht gesehen.

Abschließend sei noch bemerkt, daß Aristoteles' Lehre von den Elementen als erster Materie der Naturdinge der modernen Forderung nach einer Materie, die von sich aus schon geformt, strukturiert ist, ohne daß man eine eigene Formursache annehmen müßte, sehr entgegenkommt. Ein Vergleich zwischen dem aristotelischen Materie-Begriff und dem der modernen Physik wäre wohl möglich, wenn auch die «Elemente» beim Stagiriten verschieden sind von den Elementen, welche die moderne Physik und Chemie annehmen. Doch weisen sie etwas Gemeinsames auf, nämlich konstante Einheiten zu sein, aus denen die komplexen Stoffe und die Naturdinge aufgebaut sind. Da auch die moderne Physik und Chemie anerkennen dürften, daß Elemente bzw. Atome Strukturen haben, aber nicht selbst gänzlich nur Strukturen sind, müßten sie ein Substrat annehmen, das jene besitzt. (Solche Eigenschaften wären nach heutigem Verständnis Masse, Energie, chemische Valenzen u.dgl.) Über das Substrat selbst könnten sie wohl auch nicht mehr sagen als Aristoteles über die Materie der «Elemente», daß es nämlich an sich etwas Unbestimmtes, Körperloses, Unsichtbares ist, eben nur ein reales Vermögen zu den elementaren Eigenschaften oder Strukturformen.

Wenn Aristoteles Demokrits Auffassung von der Unteilbarkeit der «Atome» kritisiert und die «Elemente» als beliebig ins Unbestimmte teilbar angenommen hat (*De gen. et corr. I*), so wird dies durch die moderne Kernphysik bestätigt, die im subatomaren Bereich experimentell weitere Teilungen durchführt. Wenn im übrigen Aristoteles annimmt, daß in der materiellen Natur nicht zugleich unendlich viele Teilungen aktualisiert werden können, und daß es allgemein keine aktuale Unendlichkeit (im Kontinuum des Materiellen) gibt, so wird dies durch die moderne Physik wiederum bestätigt; denn nach ihr findet sich auf keinem Gebiet, weder der Masse, noch der Geschwindigkeit, noch der Temperatur usw. eine aktuale Unendlichkeit. Auch gibt es in den Naturprozessen zwischen entgegengesetzten Zuständen, z.B. des Warmen und Kalten, zwischen Licht und Dunkel (auch zwischen einer an- und ausgeschalteten Lampe), keine infinitesimalen Übergänge, noch auch zugleich aktual unendlich viele Teilzustände. Mit der Quantenphysik kann man heute sagen: natura facit saltus, gegen die bekannte Aussage: natura non facit saltus, bei Leibniz, dessen Naturauffassung zu sehr mathematisiert war.

Unser primäres Verständnis des aktualen Seins bzw. der aktualen Realität haben wir von den komplexen Naturdingen. In bezug auf sie sind die einfachen Elemente nur Potentielles, aber doch schon etwas real Seiendes. Der Einwand, daß sie dann schon etwas aktual Seiendes sein müßten, übersieht, daß wir von «aktual Seiendem», eigentlich erst bei den Naturdingen sprechen können, weil wir von ihm kein anderes Verständnis haben. Uns sind die Elemente eben nicht gleicherweise als Naturdinge gegeben wie die uns bekannten komplexen, sondern nur als zu erschließende Ursachen von diesen. Sie sind wesentlich dadurch kennzeichnet, noch nicht solche Naturdinge, sondern diese nur potentiell zu sein, und sind somit im Vergleich zu ihnen nur potentiell Seiendes.

II) Über den Aufweis der Form-, Bewegungs- und Zweckursache in *Physica I 1-3* und *Metaphsys. VII 17*

1) Die Zusammenstellung der vier Naturursachen in *Phys. II 3*

Wie Aristoteles in der methodologischen Einleitung von *Physica, Buch I* darlegt, ist die angestrebte Auffindung der Naturursachen ein «Weg vom Bekannteren und Deutlicheren für uns zum Deutlicheren und Bekannteren der Natur nach». Das heißt: Von den sinnlich wahrnehmbaren Erfahrungsdingen, die durch Ursachen konstituiert sind, schreitet die Vernunft fort (προσιέναι, προάγειν) zu dem ihr eigenen intelligiblen Objekt, den Ursachen selbst. Da die Erfahrungsdinge und ihre Eigenschaften von ihren Ursachen bewirkt sind, geht die Erkenntnis von den Wirkungen zu den Ursachen[16].

Der Fortschritt wird von Aristoteles häufig auch als ein solcher vom Einzelnen, καθ' ἕκαστα, zum Allgemeinen, καθόλου, bezeichnet, wobei das das Allgemeine an sich in der Vernunft ist, nicht in den Dingen, sich aber auf die Formursachen in ihnen bezieht.

In einer besonderen Verwendung der Begriffe spricht der Text in *Phys. I 1* umgekehrt vom Einzelding als καθόλου, das zunächst als ein komplexes «Ganzes» (ὅλον τι) hinsichtlich seiner Ursachen undifferenziert «verschwommen» (συγκεχυμένον) gegeben ist, hingegen von den Ursachen selbst als καθ' ἕκαστα, die hier die «einzelnen» Prinzipien heißen, weil sie in den Einzeldingen sind und in ihnen erschlossen werden müssen. Bei der Untersuchung der Ursachen in den Dingen schreitet die Vernunft zugleich vom Dasein der Dinge zu ihrem Sosein fort, das die Seinsursachen umfaßt.

Dasein und Sosein (οὐσία, τὸ τί ἦν εἶναι) sind zwei Aspekte desselben Seins eines Dinges und als solche beide Prinzip der Erkenntnis, d.h. an sich Bekanntes, wenn auch das Dasein zugleich «bekannter für uns» ist, so daß es, genaugenommen, ein Bekannteres an sich und für uns ist. Mit dem Sein als Dasein haben die Sinnesdinge selbst schon auf der Ebene der Sinneswahrnehmung einen nicht-sinnlichen Aspekt, etwas Intelligibles (das von der Vernunft, dem Intellekt, erfaßt wird) und d.h. einen Ansatz des zu erschließenden Soseins (des anderen Aspekts von Sein), bzw. der Ursachen, wodurch die Dinge da sind.

Die leitende Frage in der Metaphysik ist mehr die der Ursachen für das Sein der Dinge (τὸ αἴτιον τοῦ εἶναι), hingegen in der Naturphilosophie

16 Diesen Weg bezeichnet Aristoteles als Induktion (ἐπαγωγή), s. *Analyt. post. II 19*.

mehr die der Ursachen für das Werden, Entstehen der Dinge und ihrer Veränderungen. Dabei setzt das Werden immer schon Seiendes voraus, so daß die Ursachen des Werdens mit denen des Seins letztlich zusammenhängen müssen[17].

Das Sein der Dinge, von dem alle Erkenntnis ausgeht, hat außer den genannten Aspekten des Daseins und Soseins auch die des Eines-, Gutes-, Wahres-Seins u.ä., sowie die des potentialen und aktualen Seins. Sie sind auch bei der Auffindung der Ursachen schon als bekannt vorausgesetzt. Wie wir im vorigen Kapitel gesehen haben, setzte die Bestimmung der Materie zwar noch nicht die Formursache voraus, wohl aber schon das aktuale Sein der Dinge, auf das bezogen sich die Materie als Potentiales, Unbestimmtes-Bestimmbares erwies.

Das *Phys.-Buch II, Kap. 3*, das zu vier Natursachen führt, betont eingangs, 194b 16-23, daß die Naturphilosophie «über das natürliche Entstehen und Vergehen» der Naturdinge diese auf ihre Ursachen hin erschließt; denn «wir glauben nicht eher jedes zu kennen, als bis wir das Warum über jedes erfaßt haben». Daher muß die Untersuchung zuerst die Ursachen aufweisen, um dann auf sie alles Erklärungsbedürftige zurückzuführen (ἀνάγειν). Der Aufweis der Ursachen ist ein induktiver; er geht vom Verursachten (Wirkungen), vom Sein bzw. Werden, Entstehen, der Naturdinge aus und führt, 194b 23 ff., zu je zwei Ursachen, nämlich:

a) vom potentialen und aktualen Sein der Dinge aus zu ihrer Materie- und Formursache, als dem unbestimmten/bestimmbaren Prinzip und dem bestimmenden Prinzip, bzw. zum Prinzip der Potentialität und dem der Aktualität der Dinge; sowie

b) vom Anfang und Ende der Entstehung der Dinge aus zu ihrer Bewegungs- und Zweckursache.

Es ergibt sich somit eine Zusammenstellung von je zwei gegensätzlichen, aber komplementär zugeordneten Ursachen, vgl. auch *Metaph. I 3*, 983a 24-b 6. Wie die Texte zeigen, entsprechen dem Aufweis der vier Ursachen vier Frageweisen: woraus die Dinge und unter welcher Form sie sind, d.h. was sie ihrem Wesen nach sind, sowie von welchem Ursprung her und zu welchem Zweck hin sie entstehen. Aristoteles bezeichnet die vier Ursachen

---

17 Die ursächliche Betrachtungsweise wird in dem aufschlußreichen Buch von W. Wieland, *Die aristotelische Physik, Göttingen* ^{2}1970, als Modell-Denken verstanden und so mit dem modernen Modell-Begriff in der analytischen Philosophie von Th. Kuhn verknüpft. Doch besteht ein wesentlicher Unterschied zwischen Aristoteles naturphilosophischem Realismus, der unsere Erkenntnis von den Ursachen in den Dingen bestimmt werden läßt, und dem modernen subkjetiv-konstruktiven Ansatz des Modelldenkens.

sehr häufig mit den Substantivierungen der vier Frageweisen: als das Woraus und Was der Dinge, sowie als das Woher und das Wozu[18].

Ungeachtet der paarweise erfolgten Gegenüberstellung von Materie- und Formursache, Bewegungs- und Zweckursache, gehören doch die drei letztgenannten aufs engste zusammen und sind als nichtmaterielle der Materieursache entgegengesetzt. Die aristotelischen *Physica* betrachten ja, wie in *II 1-2* dargelegt, die Naturdinge in ihrem Entstehen und ihrer Veränderung und definieren sie als «das, was den Ursprung der Bewegung und Ruhe in sich selbst hat», 192b 13-14, 193a 29. Wie nun Entstehung, Veränderung, Bewegung als unvollkommener Akt (als Weg hin zum Akt) auf das aktuale Sein der Dinge bezogen sind, so hängen auch die Ursachen der Entstehung, Veränderung, sc. die Bewegungs- und Zweckursache, mit der Ursache des aktualen Seins, sc. der Formursache zusammen. Die drei Ursachen bilden in den Naturdingen eine Einheit (siehe das untenstehende Schema).

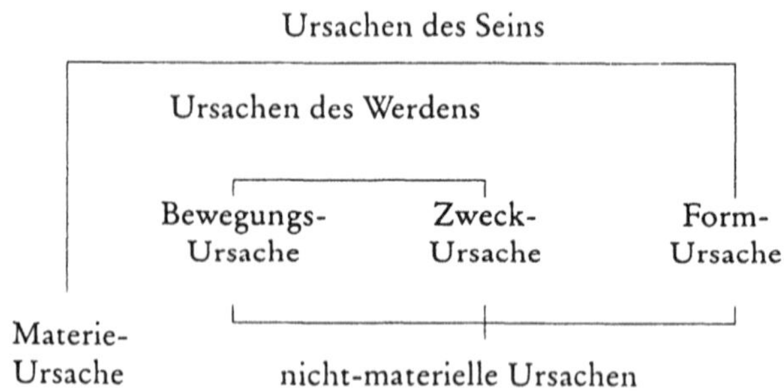

Wie es übrigens einen Erkenntnisfortschritt vom Verursachten zu den Ursachen gibt, so auch in der Erkenntnis der Ursachen selbst, die von der Materie-Ursache ausgeht, da sie uns in den materiellen Dingen schon «offenkundig» ist, vgl. *Metaph. VII 3*, 1029a 31-32. «Am meisten aporetisch» ist die Formursache, a 33; siehe auch *III 4*, 999a 24 ff. Dies bestätigt sich auch in der historischen Entwicklung der griechischen Philosophie, wie sie Aristoteles in seinem bekannten Rückblick, *Metaph. I* 3 ff., nachgezeichnet hat: Alle Philosophen suchten zwar nach den ersten Ursachen des Seienden (vgl. *IV 1*, 1003a 28-29; *VI 1*, 1028b 2-7), aber die ersten «Physiker» fanden sie nur in gewissen materiellen Prinzipien/Elementen (*I 3*, 983b 6 ff.). So die älteren jonischen Naturphilosophen Thales, Anaximander und Anaximenes. Die jüngeren entdeckten dann weitere Ursachen: In der Erkenntnis «so fortschreitend, wies die Sache selbst ihnen den Weg und zwang sie (weiter)

18 Ausführlicher legt Aristoteles seine Methode wissenschaftlicher Frageweisen dar in *Anal. post. II 1*.

zu forschen» (ebd. 984a 18-19); denn die materiellen Elemente allein erklären noch nicht, warum sie sich zur Entstehung bestimmter Naturdinge immer in gewisser Weise anordnen und dabei bestimmte Veränderungen erleiden. Hierfür muß eine andere Ursache verantwortlich sein, nämlich die der Bewegung oder Entstehung. Mit anderen Worten: Die Elemente sind nur die Möglichkeit (das mögliche Material oder Potential) der aus ihnen entstehenden Dinge[19].

Bewegungsursachen nahmen erstmals Empedokles und Anaxagoras an. Letzterer bestimmte sie als «Vernunft» – für den Kosmos im ganzen und für die Lebewesen – und verband mit ihr zugleich eine dritte Ursachenart, die des Zweckes. Zu ihrer Annahme wurden die Philosophen, wie es im historischen Rückblick weiter heißt, wiederum «durch die Wahrheit selbst gezwungen» (ebd. 984b 10); denn in der Entstehung der Dinge liegt etwas sehr Zweckvolles, das nicht «aufs Geratewohl», durch Zufall, zustande kommt. Die Formursache wurde erst spät erkannt, erstmals bei Platon und Aristoteles. Empedokles und Demokrit «berührten sie nur ein wenig», s. *Phys. II 2*, 194a 20-21. Sie entspricht der von Sokrates eingeführten Frage nach der definitorischen Wesenheit des jeweiligen Gegenstandes (bei Sokrates besonders der menschlichen Tugenden) und betrifft das aktuale Sosein der Dinge.

Wie der oben aus *Metaph. I 3* zitierte Text zeigt, gewinnt Aristoteles in Auseinandersetzung mit den Vorsokratikern ein notwendiges Argument für die Bewegungsursache (zugleich auch implizit für die Formursache): Die Materie der Naturdinge (die Elemente) allein kann nicht die Ursache dafür sein, daß sie zu einem bestimmten Ding geformt («bewegt») wird, d.h. daß aus ihr ein ganz bestimmtes Ding entsteht. Die substantiellen Entstehungen bestimmter Dinge aus der Materie können nicht bloß akzidentelle Veränderungen an ihr sein, wie die Vorsokratiker fälschlich annahmen; denn es besteht ein wesentlicher Unterschied zwischen der Substanz und den Akzidenzien, den Aristoteles erstmals mit Hilfe seiner Kategorien-Unterscheidung aufgedeckt hat. Daher muß es notwendig neben der Materie (für die Entstehung der Naturdinge aus ihr) eine eigene substantielle Ursache der Bewegung bzw. Entstehung geben.

Parallel zu diesem Argument folgt weiter unten, 984b 8-15, eines für die Zwekursache, das wieder «von der Wahrheit selbst erzwungen» wird, d.h. sich aus der Natur der Sache ergibt: Zur Erklärung der Naturdinge in ihrer zweckvollen Ordnung bzw. Organisation reicht die Materieursache nicht aus, da sie vielmehr für das Ungefähre und Zufällige Ursache ist; denn

19 Diese wertvollen Argumente bleiben auch gegenüber dem modernen Materialismus gültig, der sich ebenfalls bei der Naturerklärung nur auf die materiellen Ursachen beschränkt.

hinsichtlich ihrer zweckvollen Anordnung zu bestimmten Naturdingen verhalten sich die materiellen Elemente als solche indifferent, zufällig.

2) Argumente in *Phys. II 1* und *Metaph. VII 17* für die Formursache

Weil offenbar die Formursache so umstritten und doch so wichtig ist, widmet ihr Aristoteles in *Phys. II 1* drei eigene Argumente, die zu ihrer notwendigen Annahme führen. Die Argumente erfolgen nicht so, daß sie die Formursache gleichsam aus dem Nichts heraus zu erweisen versuchen, sondern ausgehend von den Naturdingen als Substanzen, 192b 32 ff., und ausgerichtet an ihrem aktualen Sein, zeigen sie auf, daß in ihrer Bedeutung mehr liegt als nur die der Materie, des an sich Formlosen (ἀρρύθμιστον καθ' ἑαυτό, 193a 12), das sich zu den bestimmt geformten Dingen nur potentiell (δυνάμει, a 17) verhält.

Dabei wird zugleich die vorsokratische Ansicht korrigiert (s. *Metaph. VII 3*), welche die Natur bzw. die Substanz der Naturdinge nur in ihrer zugrundeliegenden Materie sieht, nämlich in den stofflichen Elementen, nicht in den (aus ihnen zusammengesetzten) Naturdingen selbst. Das Entstehen dieser Dinge aus der Materie, wie auch das Vergehen in sie, wären nach dieser Ansicht nichts anderes als eigenschaftliche Veränderungen (akzidenteller Art) an der Materie, die allein als Substanz beharrte. Die Formen als Gestaltungen der Naturdinge wären dann nur wechselnde Eigenschaften (Akzidenzien) an der Materie, wie vergleichsweise bei Artefakten, z.B. einem Bett, nur die Materie (der Naturstoff Holz) die beharrende Substanz, Natur, ist, während die Formen der Artefakten zu ihr als Akzidentelles hinzukommen, 193a 10-28. Dagegen wendet Aristoteles dann korrigierend ein, daß «die Natur zwar auf eine Weise die erste Materie ist, die jedem der Dinge zugrunde liegt, die ein Prinzip der Bewegung und Ruhe in sich haben», daß sie aber «auf eine andere Weise die Gestalt und die Form (ἡ μορφὴ καὶ τὸ εἶδος) gemäß dem Begriff (κατὰ τὸν λόγον, der der Definition) ist», a 28-31. Dann folgt ein erstes Argument für diese Formursache, daß sie ebenfalls Natur, Substanz, ist, ja in noch höherem Maße als die Materie, 193a 31-b 5: Wenn etwas ein Ding, z.B. Knochen oder Fleisch,nur potentiell ist, wird es noch nicht eigentlich dieses Ding genannt. Die zugrundeliegende Materie, die Elemente, ist aber jedes der zusammengesetzten Naturdinge nur in potentialer Weise; «denn was Fleisch oder Knochen nur potential ist, hat noch nicht seine ihm eigene Natur, bevor es die Form gemäß dem Begriff aufnimmt, die wir angeben, wenn wir definieren, was das Fleisch oder der Knochen ist, noch auch ist es von Natur» (wenn ohne die Form). Verdeutlicht wird dies durch den Vergleich mit der Techne: Auch hier nennen wir etwas Kunst erst dann, wenn es die ihm eigene Form hat. Ergänzend fügt unser Philosoph noch hinzu, b 5-7, daß das aus Materie und Form zusammengesetzte Ding, genaugenommen, «von Natur» ist, nicht «Natur» selbst. Diese ist vielmehr die Form als «Vollendung» (ἐντελέχεια) oder Akt, mehr als die Materie. Der Nerv des Argumentes ist das aktuale Sein der Naturdinge, von dem wir schon ein Vorverständnis haben, und das durch die Materie nicht erfüllt bzw. erklärt wird; denn die Materie als solche verhält sich zu den aktualen Dingen potential. Dafür sieht der Stagirite auch in unserem Sprechen von den Dingen ein Indiz, in welchem sich unser Vorverständnis des aktualen Seins äußert, daß nämlich die Materie nicht die ganze Realität der Naturdinge bezeichnet. Seiner Materie nach ist ja jedes Ding nur potential, und auch vom Artefakt «dürften wir nicht sagen, daß es sich (aktual) gemäß der Kunst verhalte, wenn es nur potential (z.B.) ein Bett ist, (d.h.) noch nicht die Form des Bettes hat». – Das Beispiel mit Fleisch und Knochen hat Aristoteles aus Empedokles entnommen (*Metaph. I 10*, 993a 17-22), um so den vorsokratischen Materialisten besser zu korrigieren, indem er sich dessen eigener Beispiele bedient; denn Empedokles selbst erwähnt bei seiner Naturerklärung, außer den Stoffelementen, schon bestimmte Verhältnisse derselben, wodurch sich jeweils ein anderes Ding ergibt, hier Fleisch und dort Knochen, ohne freilich zu erkennen, daß ihnen eine andere Ursache als die bloße Materie (die Elemente) entspricht.

Ein zweites Argument für die Formursache geht so vor, 193b 8-12: In den Naturdingen, genauer: den Lebewesen, ist etwas, das den Artefakten fehlt, nämlich ein Prinzip der Selbstreproduktion ihrer Form nach. Dieses ist die Formursache (zusammen mit der Ursache der Entstehung und Selbstbewegung) und wird in den natürlicherweise entstehenden Dingen «Natur» genannt, in den Artefakten dagegen nicht. Wohl aber gilt analog, daß das, was im Artefakt die «Form» als Kunst ist (nämlich die Idee im Künstler), im natürlicherweise entstehenden Ding die «Form»(ursache) als Natur ist.

In enger Verbindung mit dem zweiten Argument folgt ein drittes, 193b 12-18: «Die Natur, die so als Entstehung genannt wird, ist (der) Weg zur Natur», aber zur Natur in einem anderen Sinne (sc. mit der Form) als dem der Natur, wovon die Entstehung ausgeht (sc. der Natur als Materie ohne die Form). «Also ist die Gestalt (sc. die Form) Natur». Anders bei der Kunst (Techne), die mit ihrer Tätigkeit nicht auf sich selbst, sondern auf etwas von ihr Verschiedenes geht. (Die Arztkunst z.B. geht mit der Heilung nicht auf sich selbst, die Arztkunst, sondern auf die Gesundheit des Patienten.) Die Natur hingegen geht mit ihrer Tätigkeit, sc. dem Entstehen, Wachstum, der Dinge wieder auf sich selbst, auf Natur, aber in einem anderen Sinne (denn was entsteht und wächst, ist am Anfang Natur noch ohne die entsprechende

Form, am Ende aber Natur mit der Form). Und der Philosoph fügt hinzu: «Die Gestalt und die Natur werden jedenfalls in zweifacher Bedeutung genannt; denn auch die Privation ist in gewissem Sinne Form. Ob aber die Privation auch etwas Konträres (zur Form) ist, in bezug auf die einfache Entstehung (der Dinge), oder nicht, muß später untersucht werden».

Man vergleiche hierzu den Text in *Metaph. VII 7*, der über die Entstehung von Natur und durch Kunst handelt und feststellt: Natur ist sowohl «das, woraus die Dinge entstehen, was wir Materie nennen», als auch das Bewegungsprinzip, «von welchem her» sie ihre natürliche Entstehung haben, sowie das Formprinzip, wonach sie etwas Bestimmtes, z.B. ein Mensch oder eine Pflanze, sind, 1032a 15-20. «Allgemein gesehen, ist sowohl das, woraus (etwas entsteht), als auch das, wonach (es ist, sc. die Form), Natur», a 22-23. «Auch das (der Form) konträr Entgegengesetzte fällt unter dieselbe Form. Das Wesen der Privation ist nämlich das entgegengesetzte Wesen, z.B. von der Krankheit die Gesundheit; denn durch ihr Fehlen tritt die Krankheit auf ...», b 2-5.

Das zweite und dritte Argument setzen, wie das erste, das aktuale Sein der Naturdinge voraus, erreichen aber, anders als das erste, nicht von der Materie als Potenz aus die Formursache als Akt, sondern von der Ursache der Bewegung bzw. der Entstehung aus, die als Formung der Materie zum aktualen Sein gemäß der bestimmten Form führt.

Was den Gegensatz von Privation («Beraubung») und Habitus («Besitz») der Form betrifft, so ist dies zu beachten: Wenn auch das entstehende Ding am Anfang der Entstehung noch der «Form» in ihrer vollendeten Auswirkung auf die Materie, der «Gestalt», «beraubt» ist, um sie am Ende der Entstehung dann zu «haben», so hat das Ding doch schon von Anfang an virtuell die «Form» als Ursache, die mit der Bewegungs- und Zweckursache zusammengeht bei der Entstehung des Dinges, d.h. der Formung seiner Materie, wodurch es vom potentialen zum aktualen Sein unter dieser bestimmten Form kommt.

Wie die drei Argumente in *Phys. II 1*, so kommt auch eines in *Metaph. VII 17* notwendig zur Annahme von Formursachen in den Naturdingen. Der größere Zusammenhang ist die metaphysische Erschließung des «primären Seienden», der Substanz, nach der ersten der zehn Kategorien (*VII 1*, 1026a 14, πρώτως ὄν): Sie führt von den sinnlich wahrnehmbaren «zusammengesetzten Substanzen», d.h. den gegebenen Erfahrungsdingen, zu deren konstitutiven Ursachen, die in einem nunmehr vertieften Sinne wiederum Substanzen sind.

Die in *Buch VII 1* formulierte «von altersher, auch jetzt und immer untersuchte sowie immer als Aporie aufgeworfene Frage, was das Seiende ist, das heißt, was die Substanz ist», 1028b 2-4, zielt gerade nicht auf die

Substanzen als die gegebenen Erfahrungsdinge (das «Bekannteres für uns»), sondern auf gewisse Substanzen als deren Prinzipien ab (auf das für uns zunächst Unbekannte, wenn auch an sich, «der Natur nach Bekanntere»). Die Erfahrungsdinge haben ja ihr substantielles Sein aus ihren konstitutiven Ursachen, die daher in höherem Grade Substanzen sein müssen, als das aus ihnen Konstituierte[20].

Um die Bestimmung der Substanz in ursächlichem Sinne geht es in den *Büchern VII-IX. Buch VII* untersucht vier verschiedene Bedeutungen von οὐσία als «Zugrundeliegendes», als «Sosein», als «Allgemeines» und als «Gattung», von denen nur die des Soseins dem ursächlichen Sinn von οὐσία voll genügt. Das Zugrundeliegende (ὑποκείμενον), das einerseits die Materie (Substrat), andererseits das einzelne, materielle Erfahrungsding (als letztes Subjekt der Aussagen) bedeuten kann, genügt ihm nicht; denn jene ist das bloß potential Seiende des Erfahrungsdinges, und dieses selbst ist als «das uns Bekanntere» in seinem aktualen Sein noch erklärungsbedürftig. Das Allgemeine und die Gattung aber sind als solche überhaupt keine Substanz, sondern nur Repräsentation der Dinge, die der menschliche Intellekt von ihnen hat. Nur das Sosein (τὸ τί ἦν εἶναι) – die von Aristoteles in Kritik an Platons Ideen neu erfaßte Wesenheit der Dinge – trifft den geforderten Sinn, da sie neben der Materie- besonders die Formursache einschließt, und die mit dieser verbundene Bewegungs- und Zweckursache. Unser Philosoph bestimmt sie zunächst, *Kap. 4-12*, von der Definition der Dinge aus, die auf deren Wesen geht, sodann aber in *Kap. 17* aufs neue von der ursächlichen Betrachtung aus, die zur Form-Bewegungs-Zweckursache führt[21].

Dabei ergibt sich ein wichtiges Argument für die Formursache, 1041b 11-18, das die vorsokratische (atomistische) Ansicht korrigiert, wonach die Naturdinge nichts anderes wären als Anhäufungen von materiellen Elementen (bzw. Atomen). Dagegen argumentiert Aristoteles zu Recht, daß jedes Naturding durch eine Ordnung und Einheit der Elemente bestimmt ist, was deutlich wird, wenn das Ding vergeht; denn dann löst sich die Ordnung bzw. Einheit auf, während die Elemente weiter bestehen bleiben: Das Ganze ist mehr als nur die Summe seiner Teile, d.h. seiner materiellen Elemente.

---

20 Dieser Punkt ist näher ausgeführt in meinem Aufsatz: *Zur Seinsfrage bei Aristoteles und Heidegger*, Zeitschr. f. philos. Forschung (1976) 30, 203-226. Der moderne Existentialist verfehlt bei der aristotelischen Frage nach dem primären Seienden in eigentlichstem Sinne die Ausrichtung auf die Seinsursachen. Sie verflacht zur Reflexion auf unser Sprechen und Denken vom menschlichen Dasein.

21 Zur Interpretation der Wesenheit bei Aristoteles als τὸ τί ἦν εἶναι vgl. meine *Beiträge zu Aristoteles' Erkenntnislehre und Metaphysik*, 169 ff.

Daher muß es – besonders bei den Lebewesen als den Organismen – außer den Elementen noch etwas anderes geben, das Ursache für ihre organisierte Einheit zu dem so bestimmten Naturding, wie einem Lebewesen, ist; denn für die Elemente selber – so muß man hinzufügen – ist es zufällig und gleichgültig, so oder anders angeordnet zu sein. Der Text fährt b 19 fort: Wäre nun diese Ursache wieder ein materielles Element, oder aus mehreren Elementen zusammengesetzt, dann müßte sie sich mit den anderen Elementen wieder zu einer geordneten Einheit des ganzen Dinges zusammenfügen, die weiter erklärungsbedürftig bliebe, so daß sich die Frage nach deren Ursache aufs neue stellte, und so fort ad infinitum. Daher muß die Ursache der geordneten Einheit des Naturdinges eine nicht-materielle sein und d.h. eine Formursache.

Der Kerngedanke des Arguments, daß in den Naturdingen, besonders den belebten, außer den Elementen, als der Materialursache, auch eine Ursache ihrer bestimmten Zusammenstellung und geordneten Einheit vorliegen muß, die nicht wieder ein Element sein kann, wird in *Buch VIII 3* wiederholt, 1043b 7-8: «denn die Zusammensetzung und Mischung (der Elemente) ist nicht selbst eines der Elemente, von denen sie Zusammensetzung und Mischung ist». Vielmehr muß ihr eine andere, sc. die Formursache entsprechen, durch die das zusammengesetzte Naturding sein aktuales Sein und Wesen hat. So ist auch der Mensch nicht bloß die Zusammensetzung seiner Elemente (z.B. von «Lebewesen und Zweifüßigem», wenn dies materielle Teile von ihm anzeigte), «sondern es muß etwas außer ihnen geben, wenn sie die Materie ausmachen, und dieses kann weder (wiederum) Element sein, noch aus einem Element, sondern muß Substanz/Wesen sein. Das lassen aber (die anderen Philosophen) außer acht, wenn sie nur von der Materie sprechen. Wenn nun das die Ursache des Seins und der Substanz/des Wesens ist, so kann man es auch selbst Substanz/Wesen nennen».

Abschließend gesehen, sind die aristotelischen Argumente für die Formursache (die mit der Bewegungs- und Zweckursache verbunden ist) zwingend, wenn man beachtet, daß sie sich auf ein Vorverständnis des aktualen Seins der Naturdinge stützen, das zugleich auch das Substanz-Sein, Eines-Sein u.ä. einschließt. Doch wird dieses Vorverständnis letztlich für alle Erkenntnis vorausgesetzt. Daher wäre die Diskussion über seine Leugnung nicht mehr in der Naturphilosophie zu führen, sondern in einer allgemeineren Erörterung wissenschaftstheoretischer (s. Aristoteles' *Anal. poster. I 1-2, II 1*) und ontologischer Art (vgl. *Metaph. IV 1-3, VI 1* und *VII 17*).

3) Über die Analogie mit der Kunst bei der Bestimmung der Naturursachen

In *Phys.-Buch II* werden die Ursachen der Naturdinge häufig nach Analogie mit der Techne betrachtet, anders als in *Buch I*. Daher erscheint es moderner Interpretation so, daß beide Bücher als zwei verschiedene Fassungen über dasselbe Thema der Naturursachen vorlägen, und daß es der Fassung von *Buch II* allein eigentümlich sei, sich an der Techne zu orientieren. Dies gibt dann weiter zur modernen Kritik Anlaß[22], daß Aristoteles seine Ursachenlehre vom Bereich menschlicher Techne und Praxis aus gewinne und dabei gleichsam, mit Kant zu reden, menschliche Denk-Kategorien unstatthafterweise auf die Naturdinge übertrage.

Diese Probleme lösen sich jedoch bei erneutem Studium der Texte auf. In *Phys.-Buch I* und *II* liegen von Aristoteles' Ursachenlehre nicht zwei (im Bezug auf das angebliche Techne-Vorbild) unterschiedliche Fassungen vor, sondern der Unterschied zwischen beiden Büchern ist der, daß *Buch I* hauptsächlich die Materieursache untersucht und die ihr komplementäre Formursache nur gelegentlich erwähnt, dagegen erst *Buch II* die vier Naturursachen in ihrem Zusammenhang aufweist, nämlich die Materie- und Formursache hinsichtlich des potentialen und aktualen Seins (der Dinge), sowie die Bewegungs- und Zweckursache hinsichtlich des Ursprunges und Zieles der Entstehung (derselben Dinge). Es ist klar, daß für die drei letzteren Ursachen der Vergleich mit der Techne näher liegt als für die bloße Materieursache. Zudem sind diese drei Ursachen bei den Naturdingen nur schwer unterscheidbar – denn sie gehen in diesen faktisch in eins zusammen –, so daß hier die Erläuterung mit Beispielen aus der Technik hilfreich ist, wo diese Ursachen außerhalb der Artefakten bleiben und sich leichter unterscheiden lassen: Die Bewegungsursache ist nämlich hier der Technites/Künstler, die Zweck- und Formursache aber ist die Idee in der Seele des Künstlers. (Die dem Material mitgeteilte Form des Artefakts ist ja in Wahrheit nur eine Wirkung jener Ursachen und kommt zum Material, dem Naturstoff, bloß als Akzidentelles hinzu.)

Aus den Texten ergibt sich weiter, daß zwischen den Dingen der Natur und der Techne ein Verhältnis der Analogie besteht, und daß dieses Aristoteles schon in *Buch I* ausdrücklich erwähnt, also bereits dort vor Augen hat: «Die zugrundeliegende Natur ist nach Analogie zu verstehen: Wie sich nämlich zum Standbild das Erz, oder zum Bett das Holz oder zu einem der übrigen Dinge mit ihrer Gestalt die Materie und das Gestaltlose verhält,

---

22 s. H. Wagner, *Aristoteles' Physikvorlesung (Übersetzung und Kommentar)*, Berlin ^{3}1979.

bevor es die Gestalt aufnimmt, so verhält sich auch diese (Materie) zum Wesen, zum bestimmten Individuum und zum Seienden».

Da nun die Analogie allgemein eine Ähnlichkeit an wesentlich Verschiedenem bedeutet[23], hebt Aristoteles bei der Vergleichung zwischen Artefakten und Naturdingen zugleich auch den wesentlichen Gegensatz zwischen beiden hervor, der schon für die Bestimmung der Naturdinge selbst leitend ist; «denn diese haben den Ursprung ihrer Bewegung und Ruhe in sich selbst», nicht aber außerhalb, wie die Artefakten. *Buch II* setzt diesen Gegensatz, den es schon eingangs feststellt, voraus, wenn es dann im folgenden nach Analogie die Ursachen der Naturdinge mit denen der Artefakten vergleicht.

Dabei geht das Verständnis der Ursächlichkeit als solcher nicht primär von den Artefakten aus, als ob sie das erste Analogat in der Analogie mit den Naturdingen wären. Vielmehr sind umgekehrt diese das erste Analogat, verglichen mit den Artefakten. Während nämlich die Naturdinge eine substantielle Formursache haben, die sich als das eigentliche Naturprinzip erweist, liegt bei den Artefakten die eigentliche substantielle Natur in den Naturstoffen, aus denen sie geformt sind, und zu denen die künstlichen Formen nur als Akzidenzien hinzukommen, s.o. den in Abschnitt 2) angeführten Text, 193a 10-28. Der Vergleich mit der Techne dient hier gerade dazu, die substantielle Formursache in den Naturdingen als das zu verstehen, was den Artefakten fehlt; denn das Analoge bei ihnen sind ja nur akzidentelle Formen! Vgl. auch den anderen o. angegebenen Text 193b 8-12.

Das erste Analogat sind also die Naturursachen, als dem «Bekannteren von Natur» und «an sich», die aber vom «Bekannteren für uns», den Artefakten her erläutert werden. Das bedeutet jedoch nicht, wie die von Kant beeinflußte Interpretation es will, daß wir das Verständnis der Form- und Zweckursache fälschlich vom menschlichen Kunstschaffen auf die Natur übertrügen, wo sie an sich und eigentlich gar nicht vorlägen.

Hinzu kommt Aristoteles' bekannte Lehre, daß die Kunst die Natur «nachahmt», wonach die Natur, besonders in ihrer Zweckursächlichkeit, das Vorbild für die zweckvoll tätige Techne des Menschen ist.

---

23 Zur Analogie bei Aristoteles vgl. auch meine Kommentar-Ausgabe zu *Aristoteles' Metaphysik II*, Einl. XIX ff.

III) Zur Definition der Bewegung und der Zeit, in *Physica, Buch III-IV*

Im folgenden wollen wir auf einige Probleme eingehen, die sich heute bei der Interpretation der aristotelischen Lehre über die Zeit, in *Physica, Buch IV, Kap. 10-14*, stellen. Zu ihrer Klärung ist es notwendig, den Inhalt dieser Kapitel in seinen Hauptpunkten durchzugehen. Da sie sich aber durchweg auf die Bewegung und die bewegten Dinge stützen, müssen wir von deren Bestimmung in *Buch III*, *Kap.1*, ausgehen.

1) Einleitende Bemerkungen zu Aristoteles' Definition der Bewegung

Aristoteles' Untersuchung über die Bewegung, in *Phys. III 1*, setzt sie in direkte Beziehung zur Natur, dem Hauptgegenstand der «Physik»; denn die Natur, als Prinzip der Naturdinge, ist vornehmlich die Bewegungs- und Zweckursache in ihnen. Aristoteles geht von dem Unterschied zwischen dem potentiellen und dem aktuellen Seienden aus, den er schon früher eingeführt hat, im Zusammenhang mit dem Unterschied zwischen der Materie einerseits und der Form-, Bewegungs- und Zweckursache andererseits. Während nun einiges immer in Akt ist (so die ewigen, unveränderlichen Prinzipien), ist anderes einmal in Potenz und dann in Akt, und zwar in den verschiedenen Kategorien: des Einzeldinges/der Substanz, des Quantitativen, Qualitativen usw., 200b 12-32.

Die Bewegung existiert nicht gesondert von den Dingen, als etwas allen Gemeinsames, sondern nur jeweils an den verschiedenen Dingen, in den verschiedenen Kategorien. In ihnen findet sich jedes Seiende in gewissen Gegensätzen: die Substanz in dem Gegensatz von Form und Privation, das Qualitative z.B. in dem von Weiß und Schwarz, das Quantitative in dem von Vollständig und Unvollständig, das Bewegte in dem von Oben und Unten, Leicht und Schwer, usw. Es ist immer der Gegensatz zwischen Potentiellem und Aktuellem, Vollendetem. Daraus ergibt sich die Definition der Bewegung als des Überganges zwischen beiden: «Die Bewegung ist die Vollendung des potentiell Seienden als solchen», z.B. als Veränderung des Veränderlichen als solchen, als Vermehrung des Vermehrbaren als solchen usw., 200b 32 – 201a 15.

Aristoteles schließt eine Reihe von Beobachtungen an, welche die Definition bestätigen – sie sind hier nicht mehr zu referieren – und bezeichnet die Bewegung auch als einen «unvollendeten Akt», b 31-32.

Im folgenden erörtern wir kurz zwei Schwierigkeiten, die sich der Interpretation heute stellen:

1) Die aristotelische Definition der Bewegung scheint zu ontologisch zu sein und der Dynamik der Bewegung nicht gerecht zu werden. Die Begriffe «Akt» und «Potenz» drücken ja zwei Seinsmodi aus und sind ungeeignet, Bewegungsprozesse zu beschreiben.

2) Die Bewegung als Akt einer Potenz zu definieren, erscheint geradezu widersprüchlich zu sein, weil Akt und Potenz im Gegensatz zueinander stehen und sich gegenseitig ausschließen.

Die Schwierigkeiten lassen sich jedoch beheben, wenn man folgendes bedenkt:

Zu 2) Die Defininition bestimmt die Bewegung, genau genommen, nicht als Akt der Potenz – dies wäre in der Tat in sich widersprüchlich –, sondern als Akt des Potentiellen. Sie bezieht also die Bewegung auf den bewegten Gegenstand. Dies ist unerläßlich; denn jede Bewegung hat ihre Existenz, Einheit und Kontinuität von dem Gegenstande, dessen Bewegung sie ist und ohne den sie nicht sein kann.

Zu 1) Der bewegte Gegenstand aber ist etwas Seiendes, der die Bewegung hat, und zwar dadurch, daß er von einem potentiellen zu einem aktuellen Zustand übergeht. Potenz und Akt betreffen also die seinsmäßige Voraussetzung der Bewegung, die mit dem Sein des bewegten Gegenstandes zusammenhängt; denn ohne dieses kann es, wie gesagt, auch keine Bewegung geben. Für Aristoteles ist aber die Bewegung verschieden vom Sein des Bewegten: Sie ist weder das potentielle Sein, noch das aktuelle Sein, sondern ein dazwischen liegender Übergang, «unvollendeter Akt».

Zur Bestätigung diene Aristoteles' Unterscheidung in *Metaph. IX 6* zwischen der Handlung, die eine Bewegung im praktischen Bereich ist, und der seelischen Tätigkeit. Die Handlung hat Anfang und Ende, mit Übergangsphasen, und endet in einem «Werk» oder Zweck, der verschieden von ihr ist. Anders eine seelische Tätigkeit, die den Zweck, ihr «Werk», in sich selber hat, und nicht mehr Handlung, πρᾶξις, ist, sondern «Wirklichkeit», ἐνέργεια. Aristoteles hat die neue Wortprägung dann in vertiefter Bedeutung auch in der Metaphysik verwendet, um das wirkliche, aktuelle Sein jedes Seienden, im Gegensatz zum möglichen, potentiellen, zu bezeichnen. Beide Seinsweisen sind aber wiederum von Bewegung, Werden, Veränderung verschieden, wie ja auch im praktischen Bereich die in sich unvollendete Handlung, die in ihrer Verlaufsform von einem Anfang über Zwischenstufen zu einem Ende hin strebt, wesentlich verschieden ist von einer in sich stehenden, vollendeten Tätigkeit, die von Anfang an schon «an ihrem Ende» (en-erg-eia) ist.

Der Dynamik der Bewegung trägt also die aristotelische Definition Rechnung. Sie bestimmt die Bewegung als unvollendeten Akt des Potentiellen «als solchen», d.h. sofern es zum vollendeten Akt hinstrebt, aber ihn noch in keiner seiner Übergangsphasen erreicht hat, d.h. noch in keiner Phase vollendet ist. Die Definition ontologisiert nicht die Bewegung, sondern unterscheidet sie vom Sein des Bewegten, setzt sie aber zu ihm in Beziehung.

Der Bezug der Bewegung zu ihrer ontologischen Voraussetzung, d.h. zum potentiellen und aktuellen Sein des bewegten Dinges – und letztlich zur Materie und Bewegungs-Zweck-Ursache –, ist unentbehrlich. Dies erweist sich schon tatsächlich aus der Sprache dadurch, daß wir ist-Aussagen von ihr machen («Die Bewegung ist ...»), aber auch aus der Tatsache, daß die Bewegung erklärungsbedürftig ist, also nicht schon ein in sich evidentes Prinzip wie das Sein der Dinge, zumindest als ihr schlichtes Dasein, Eines-, Real-Sein. Die modernen und gegenwärtigen Versuche werden diesen Tatsachen nicht gerecht, wenn sie Bewegung oder Werden, Prozeß, Entwicklung ohne jene ontologische Voraussetzung erfassen wollen. Sie führen entweder zu einer bloß phänomenologischen Beschreibung von Bewegung, Werden, Prozeß u.ä., die sie nicht ursächlich erklärt, oder zu ihrer Erhebung zu einem Prinzip, bis zur Gleichsetzung mit dem Sein der Dinge selbst. Dabei verkehrt sich dann methodologisch die Erkenntnisrichtung derart, daß das evidente Erklärungsprinzip, das Sein der Dinge, auf das an sich Erklärungsbedürftige hin ausgelegt wird, auf Bewegung, Prozeß, Entwicklung u.ä.

2) Erörterungen zu Aristoteles' Lehre von der Zeit

a) Textanalyse

Aristoteles' Lehre von der Zeit, in *Phys. IV, Kap.10-14*, der wir uns nun zuwenden, bestimmt diese in strikter Zuordnung zur Bewegung. Wir gehen zunächst die Hauptpunkte dieser Lehre durch, um dann einige der heute auftretenden Interpretationsprobleme zu erörtern.

Das *Kap.10* beginnt mit der Frage nach der Existenz der Zeit: Sie scheint «entweder gar nicht oder kaum und (nur) verschwommen erkennbar» zu sein; denn die Zeit ist zusammengesetzt aus Vergangenem und Zukünftigem, welches beides nicht ist: das eine ist nicht mehr, das andere noch nicht. Daher scheint die Zeit «nicht an der Substanz teilzuhaben», d.h. sie hat kein substantielles, sondern nur ein akzidentelles Sein, und auch dieses nur in der schwächsten Weise (217b 29 – 218a 6). Das Jetzt aber ist kein Teil der Zeit, sondern Grenze zwischen Zeitteilen, nämlich zwischen vergangenen und zukünftigen. Daher ist die Zeit nicht aus Jetztpunkten zusammengesetzt (a 6-8). – Hinsichtlich des Jetzt stellt sich die Frage, in Form eines Dilemmas, ob das Jetzt immer ein und dasselbe ist, oder immer wieder ein anderes. Beide Annahmen führen in Unmögliches.

1. Das Jetzt kann nicht immer wieder ein anderes sein; denn wenn aufeinander abfolgende Zeitteile von verschiedenen Jetztpunkten begrenzt sind, so mußte das je frühere Jetzt einmal vergangen sein; denn viele Jetztpunkte können nicht alle zugleich sein. Ein vergangenes Jetzt konnte aber weder von sich aus vergangen sein; denn es war ja damals. Noch konnte es in ein späteres Jetzt vergehen; denn zwischen ihm selbst und einem anderen Zeitpunkt können unendlich viele andere Zeitpunkte liegen, die zugleich sein müßten, was unmöglich ist (a 11-21).

2. Das Jetzt kann aber auch nicht immer ein und dasselbe sein; denn von Teilbarem (mit vielen möglichen Teilen) kann es nicht nur ein und dieselbe Grenze geben. Das Jetzt ist aber Grenze, und wir können eine begrenzte Zeitspanne erfassen. Ferner, das Zugleichsein in der Zeit bedeutet, in derselben Zeit zu sein. Gäbe es nur ein einziges Jetzt, dann würden alle vergangenen und zukünftigen Zeitteile in das eine Jetzt zusammenfallen, was unserer Erfahrung widerspricht (218a 21-30).

Das Dilemma leitet schon zur Frage nach dem Wesen der Zeit über, der sich nun die Untersuchung zuwendet. Aristoteles erwähnt zuerst die überkommenen Ansichten über das, was die Zeit ist. Nach einer Ansicht scheint die Zeit die Kreisbewegung des Alls zu sein. Dagegen spricht jedoch, daß die Zeit auch ein Teil der Kreisbewegung sein müßte, der nicht wieder Kreisbewegung wäre (218a 31 – b 9). Am meisten scheint die Zeit eine Bewegung oder Umwandlung zu sein. Dagegen läßt sich aber einwenden, daß jede Umwandlung nur an ihrem Subjekt und an dessen Ort stattfindet, während die Zeit sich überall und an allen Dingen findet. Ferner gibt es schnellere und langsamere Umwandlungen, während es keine schnellere und und langsamere Zeit gibt (b 9-20). Die Erörterung geht also dahin, daß die Zeit weder Bewegung ist, noch ohne Bewegung.

Kap.11: Daß die Zeit nicht ohne Bewegung/Veränderung vorkommt, ergibt sich für Aristoteles aus folgenden Gründen: Wir können die Zeit nicht ohne Veränderung wahrnehmen, wobei eine solche zumindest in uns selbst, in der Seele, stattfindet. «Zugleich nämlich nehmen wir die Bewegung und die Zeit wahr» (219a 3-4). Auch wenn wir äußerlich durch den Körper keine Bewegung wahrnähmen, so doch wenigstens eine Bewegung in der Seele (a 4-6). Also muß die Zeit zur Bewegung gehören, d.h. eine Eigenschaft von ihr sein (τῆς κινήσεως τι ἐστιν ὁ χρόνος, a 9-10).

Ferner: Das Bewegte hat, wie jede kontinuierliche Größe, eine gerichtete Bewegung aus einem Zustand in einen anderen. Der Größe entspricht die

Bewegung, und dieser die Zeit. Wie die Größe, so ist auch die Bewegung kontinuierlich, und mit der Bewegung wiederum die Zeit. Das Früher und Später, das sich primär bei der räumlichen Größe in ihrer Erstreckung findet, und zwar durch die Lage, gibt es analog dazu notwendigerweise auch bei der Bewegung (219a 10-18) und in der Zeit, in der sie sich vollzieht. Das Früher und Später enthält in der Bewegung eine Abfolge (Ordnung, Zahl) des eines nach dem anderen, das von der Bewegung selbst «dem Sein nach verschieden ist», nämlich als Zeit, sofern die Zeit ein (akzidentelles) Seiendes ist (a 20-21. Mit der Bewegung lernen wir auch die Zeit kennen; denn wenn wir das Früher und Später an der Bewegung wahrnehmen, dann sagen wir, daß Zeit verlaufen sei (a 21-25).

Im öfters wiederkehrenden Ausdruck: ὅ ποτε ὄν ἐστιν, ist das ποτε als das eines verallgemeinernden Relativsatzes zu verstehen (entsprechend dem lateinischen quodcumque), also an unserer Stelle in dem Sinne: «was immer auch Zeit als Seiendes sein mag». Zwar würde der Ausdruck genügen: ὅ ποτε ἐστιν, ohne das Partizip. Das Partizip bezieht sich offensichtlich auf den Status des kategorialen Seienden; denn wie die Bewegung in verschiedenen Kategorien auftritt, im Quantitativen (als Vergrößerung/Verkleinerung, Vermehrung/Verminderung), im Qualitativen (als Veränderung), in der Substanz (als Entstehen/Vergehen), so auch mitfolgend die Zeit. Wenn sie auch an sich ein akzidentell Seiendes ist, ποτε ὄν, so begleitet sie doch das bewegte Seiende verschiedener Kategorien. (Dasselbe wäre auch von der Relations-Kategorie zu sagen, die zwar ein akzidentelles Seiendes ist, aber zu Seiendem verschiedener Kategorien hinzukommt.) In diesem Sinne will der verallgemeinernde Ausdruck: «was immer auch die Zeit als Seiendes sein mag», offenlassen, als welches Seiendes es auftritt, ob als Zeit der entstehenden/vergehenden Substanz, oder des sich quantitativ oder qualitativ sich wandelnden Seienden. (Als die quantitative oder qualitative Umwandlung begleitende Zeit ist sie, genau genommen, Akzidenz eines Akzidenz.)

An unserer Stelle ist das Subjekt im ὅ-Satz das vorgenannte «Früher und Später», bzw. die Zeit. An einer anderen Stelle, 219b 18, ist das Subjekt das Jetzt oder das Bewegte: «was es auch immer als Seiendes sein mag».

Der verallgemeinernde Relativsatz läßt aber auch in bezug auf das Wesen der Zeit offen, wie es näher zu bestimmen wäre. Es kommt Aristoteles an den betreffenden Stellen nur darauf an, hinsichtlich der Zeit Existenz und Wesen zu unterscheiden, wobei die weiteren Bestimungen offenbleiben, welches Wesen sie genaugenommen hat und auf welches Seiendes sie bezogen ist, auf Substanzen, Quantitatives oder Qualitatives.

Es gibt neuere Übersetzungsversuche, die das ποτέ nicht verallgemeinernd, sondern als Zeitbestimmung auffassen und als momentan bestimmten Zeitpunkt auslegen, um vom Text jede ontologische Bedeutung fernzuhalten, zugunsten einer nur zeitlichen Bedeutung, so daß der Sinn an unserer Stelle der wäre: «was die Zeit einmal ist/war», d.h. in einem jeweils bestimmten Moment. Gegen diese Interpretation spricht jedoch grammatikalisch und inhaltlich, daß sie das Partizip «seiend» nicht berücksichtigt, und daß das «Wann-Seiende» bei Aristoteles eindeutig eine der Kategorien des akzidentell Seienden bezeichnet, nämlich das der Zeit, das, wie gesagt, verschiedenes Seiendes begleitet.

Die (nicht umkehrbare) Ordnung des Früher und Später in der Bewegung (und der ausgedehnten Körper im Raume) ist die Grundlage dafür, daß wir Zeiträume erkennen, abgrenzen und messen können (219a 11-30). Hiernach legt Aristoteles fest, daß die Zeit «das durch das Jetzt Begrenzte ist» (a 30), wobei das Jetzt nicht als Eines aufgefaßt werden darf, als in sich geschlossenes, vollendetes Seiendes, so daß uns keine Zeit mehr zu verfließen scheint, sondern als eine Grenze im Zeitfluß zwischen Früherem und Späterem. Dann wird die Zeit definiert als

«Zahl der Bewegung nach dem Früher und Später» (219b 1-2). «Die Zeit ist also nicht Bewegung, sondern ist (nur), sofern die Bewegung in sich Zahl enthält... Daher ist die Zeit eine Zahl»... Der Text fügt präzisierend hinzu: «Die Zeit ist das Gezählte, nicht das, womit wir zählen. Es sind aber das, womit wir zählen (sc. die Zahl-, Maßeinheit), und das Gezählte verschieden» (b 3-9).

Es wird dann das Dilemma hinsichtlich der Zeit aufgelöst, ob sie nämlich im Bewegungsfluß immer wieder eine andere sei, oder ein und dieselbe bleibe. Die Auflösung ergibt sich aus der strikten Zuordnung der Zeit zur Bewegung. Wie einerseits die Bewegung – in ihren Teilbewegungen – immer wieder eine andere ist, so auch die Zeit, in ihren Teilzeiten. Wie aber andererseits die alle Teilbewegungen umfassende Bewegung insgesamt immer dieselbe ist, so ist auch die (alle Teilzeiten umfassende) Gesamtzeit immer dieselbe; denn auch das Jetzt ist (dem Wesen nach) dasselbe, als Wann-Seiendes, doch ist ihm das Sein (immer wieder) ein anderes. Das Jetzt mißt ja die Zeit, sofern sie ein Früher und Später hat (219b 9-12).

Auch das Jetzt ist in einer Hinsicht immer dasselbe, in anderer Hinsicht nicht, sondern immer wieder ein anderes. Der Text fährt fort:

«Sofern nämlich das Jetzt immer wieder in anderem ist, ist es ein anderes – dies war für es das Jetzt –, sofern aber das Jetzt ist, was es auch immer als Seiendes sein mag, ist es dasselbe; denn der Größe folgt (entspricht), wie gesagt, die Bewegung, und dieser die Zeit, wie wir behaupten. Und in ähnlicher Weise folgt (entspricht) dem Punkt das Fortbewegte, durch das wir die Bewegung kennenlernen und das Früher und Später an ihr. Dieses, was es auch immer als Seiendes sein mag, ist dasselbe – denn es ist entweder Punkt, oder Stein oder etwas anderes derartiges –, dem (Akzidenz-)Begriffe nach aber ist es ein anderes, wie die Sophisten z.B. annehmen, daß der Koriskos im Lykeion ein anderes sei als der Koriskos auf dem Marktplatz. Und dieses ist dadurch, daß es immer wieder anderswo ist, ein anderes. Dem Fortbewegten folgt (entspricht) das Jetzt, wie der Bewegung die Zeit. Durch das Fortbewegte lernen wir nämlich das Früher und Später in der Bewegung kennen. Sofern das Früher und Später zählbar ist, ist das Jetzt da. Daher ist auch in diesen das Jetzt (seinem Wesen nach), was es auch immer als Seiendes sein mag, dasselbe. Das Früher und Später ist ja in der Bewegung (und das Jetzt ist immer die Grenze zwischen ihnen), doch das Sein (des Jetzt) ist (immer wieder) ein anderes; denn sofern das Früher und Später zählbar ist, ist das Jetzt (als ihre Grenze) da» (219b 12-28).

Das Argument bringt die Lösung zum genannten Problem: In ihrem Verlauf sind die Bewegung wie auch die Zeit immer wieder andere, «dem Sein nach verschieden». In der Tat befindet sich jedes Ding, sofern es zu einer bestimmten Zeit in einer bestimmten Bewegung ist, im Übergang vom potentiellen zum aktuellen Sein, d.h. in einem unvollendeten, defizienten Sein, das in jedem Augenblick des Überganges ein anderes ist, auf dem Wege zum vollendeten Sein hin. Gleichwohl aber sind Bewegung und Zeit ihrem Wesen (und ihrer Struktur) nach immer dieselben: im geordneten Nacheinander der Teile, ihrer Zählbarkeit oder Gegliedertheit, mit der gliedernden, teilenden Grenze[24].

Ebenso hat auch das Jetzt die zwei Aspekte: Einerseits ist es immer wieder ein anderes, als potentieller Teilungspunkt im kontinuierlichen Ablauf der Bewegung bzw. der Zeit, andererseits ist es seinem Wesen nach immer dasselbe, nämlich als Grenze zwischen dem Früher und Später, die sich aktualisieren und als unteilbare Einheit erfaßt werden kann. Als solches ist das Jetzt dann auch verschieden von der Zeit und ihr Prinzip. Beachtlich ist, wie das Jetzt dem Teilungspunkt in einer kontinuierlichen Größe zugeordnet und auf den bewegten Gegenstand, d.h. auf etwas Seiendes, bezogen wird; ferner wie der Gegenstand selber zum (Bezugs-)Punkt

24 in: *Aristote, Physique*, ed. H. Carteron, vol. 1, Paris 1952, 151-152, wird 219b 25-28 so übersetzt: «or, en tant que l'antérieur-postérieur est numérable, on a l'instant; de sorte que, dans le domaine du temps, l'instant comme sujet est le même (car il est l'entérieur-postérieur du mouvement), mais il est différent quant à l'essence; car c'est en tant que l'antérieur-postérieur est numérable qu'on a l'instant». Der Text besagt jedoch nicht, daß im Früher und Später der Zeit das Jetzt als «Subjekt» immer dasselbe bleibe – vielmehr ist Subjekt das Bewegte –, sondern als das, «was immer es auch sein mag», d.h. seinem Wesen nach. Dagegen wird das Jetzt «dem Sein nach (immer wieder) ein anderes», im Unterschied zum Wesen. Dieser Unterscheidung zwischen Sein und Wesen einer Sache findet sich bei Aristoteles häufig, so daß «dem Sein nach» nicht «quant à l'essence» übersetzt werden darf.

wird, und wie wir nur vom bewegten Gegenstande her kennen, was Bewegung ist[25].

Aus den zwei dargelegten Aspekten des Jetzt erklärt sich dann auch, wie das Jetzt sowohl die Kontinuität, als auch die Diskontinuität der Zeit verursacht.

> «Die Zeit ist durch das Jetzt sowohl kontinuierlich, als auch durch das Jetzt geteilt. Auch dies folgt (entspricht) nämlich der Fortbewegung und dem Fortbewegten; denn auch die Bewegung und die Fortbewegung ist eine einheitliche durch das Fortbewegte, weil dieses Eines ist, und zwar nicht als das, was ein zeitlich Seiendes ist – denn dies könnte auch aussetzen –, sondern dem Begriffe nach[26]. Auch dieses nämlich trennt die frühere und spätere Bewegung (grenzt sie ab). Und dies folgt (entspricht) in gewisser Weise dem Punkt; denn auch der Punkt macht die Größe kontinuierlich (hält sie zusammen) und trennt sie; er ist ja von einem Teil der Anfang, vom anderen das Ende ...» (220a 5-11).

Wenn man nun das Jetzt, das an sich eine Grenze zwischen zwei Zeitteilen ist, gleichsam als eine doppelte Grenze nimmt, nämlich als Ende des einen Teiles und als Anfang des anderen, dann versteht man, wie sie Diskontinuität bewirkt und den Zeitverlauf zum Stillstand bringt. Wenn hingegen das Jetzt nur als eine einzige Grenze genommen wird, die mit dem Zeitfluß mitwandert, dann bewirkt es dessen Kontinuität («Zusammenhalt»). Vom kontinuierlichen Zeitfluß aus gesehen, bewirkt also das Jetzt, als potentielle Grenze genommen, Kontinuität. Vom aktuell Geteilten aus bewirkt das Jetzt in seiner aktuellen Einheit einen diskontinuierlichen Einschnitt. Dabei ist das Jetzt weder ein Teil, noch eine Teilung der Bewegung (wie dies auch der Punkt nicht ist in bezug auf die Linie, 220a 12-21).

Der Text schließt mit dem Ergebnis, daß das Wesen des Jetzt nicht bloß darin liegt, Grenze zu sein, sondern darin, die Zeit (und damit auch die Bewegung) zu zählen. Das Grenze-sein des Jetzt ist für die Zeit und Bewegung ein Akzidenz; denn es bezieht sich vielmehr auf die konkreten Dinge, d.h. auf deren Sein selbst. Dagegen gehört es als «Zähler» allgemein und wesentlich zur Zeit und zur Bewegung. Und so bestätigt sich die Definition der Zeit als Zahl der Bewegung nach ihrem Früher und Später.

---

25 In der Tat erkennen wir das Akzidentelle nur vom Sustantiellen her, das Unvollkommene vom Vollkommenen, das Werden vom Sein her.

26 Die Bewegung, die ontologisch gesehen ein akzidentell Seiendes am Bewegten, dem substantiell Seienden, ist, hat ihre Einheit aus der Einheit der ihr zugrundeliegenden Substanz, des Bewegten. Aristoteles betont, daß das Bewegte nicht seinem zeitlichen, akzidentellen Sein nach zu verstehen ist (wie auch Korsikos nicht nach dem örtlichen, akzidentellen Sein, nach welchem er immer wieder ein anderer ist, s.o.), sondern dem Begriffe nach, der das Bewegte dem substantiellen Wesen nach bezeichnet. Tricot konjiziert 220a 8: ἀλλὰ «ἄλλα» τῷ λόγῳ, wodurch sich ein verkehrter Sinn ergibt: daß das Bewegte seinem Wesensbegriffe nach ein Anderes sei.

> «Sofern also das Jetzt Grenze ist, ist es nicht Zeit, sondern Akzidenz (der Zeit). Sofern es aber Zeit zählt, ist es Zahl; denn die Grenzen gehören zu dem, dessen Grenzen sie sind, aber die Zahl (bestimmter Dinge, z.B.) dieser Pferde hier, (z.B.) die Zehn, findet sich auch anderswo. Daß also die Zeit Zahl der Bewegung ist nach dem Früher und Später, und daß sie kontinuierlich ist – denn sie gehört zu Kontinuierlichem –, ist deutlich» (a 21-26).

In *Kap. 12* folgen zusätzliche Bestimmungen zur Zeit: Es gibt zwar eine kleinste Zeit der Zahl nach, aber nicht der Größe (Ausdehnung) nach, wie es auch bei der Linie (und Bewegung) keine kleinste der Größe nach gibt; denn der Größe nach ist sie unendlich teilbar. (Die Kategorie der Quantität und die der Zeit sind verschieden), 220a 17 – b 5.

Die Zeit ist überall zugleich dieselbe (von verschiedenen Bewegungen, an verschiedenen Orten), 220b 6-14.

Nicht nur wird die Bewegung durch die Zeit gemessen, sondern auch die Zeit durch die Bewegung, aber nur durch eine schon zeitlich gemessene, gezählte Bewegung. Durch sie kann dann wieder die viele oder wenige Zeit gemessen werden, 220b 14-32.

In der Zeit sein heißt für die Bewegung: durch die Zeit gemessen werden, wobei die Bewegung und ihr Sein gemessen werden. Ihr Sein ist ja das Gemessensein durch die Zeit. – Daher gilt für alle Dinge, die in Bewegung und somit in der Zeit sind, daß ihr (In-Bewegung-)Sein das Gemessen-Sein durch die Zeit ist, 220b 32 – 221a 7.

Daß etwas in der Zeit ist, kann zweierlei bedeuten: 1. «daß es dann ist, wenn die Zeit ist», und 2. «wenn es in der Zahl (gezählt) ist». (Die Zahl als Zeit ist eine Eigenschaft der Bewegung und von der mathematischen Zahl verschieden), 221a 7-26.

> «Da die Zeit Zahl ist, finden sich das Jetzt und das Früher und alles derartige so in der Zeit, wie sich in der Zahl die Einheit, das Ungerade und Gerade finden; denn das eine gehört zur Zahl, das andere gehört zur Zeit. Die Dinge sind in der Zeit wie in der Zahl» (a 13-17).

Alles, was in der Zeit ist – und d.h. in Teilzeiten sich bewegt – wird von der Zeit im ganzen umschlossen, wie auch alles, was sich im Raume – in Teilräumen – befindet, vom Gesamtraum umschlossen ist, 221a 26-30. Alles, was in der Zeit ist, «erleidet» von ihr etwas, d.h. ist der Vergänglichkeit unterworfen; denn die Zeit ist Zahl der Bewegung, und die Bewegung «läßt das Vorhandene (aus seinem Sein) heraustreten», 221a 31 – b 3. – Daraus leuchtet ein, daß das Ewige, weil unvergänglich, nicht mehr in der Zeit ist, b 3-7.

Auch die Ruhe, als der Bewegung konträr entgegengesetzte Eigenschaft des Bewegten, fällt unter die Zeit und wird von ihr gemessen: «Die Zeit wird das Bewegte und das Ruhende messen», b 7-23.

Vom Nichtseienden, das dem Seienden entgegengesetzt ist, fällt das, was unmöglich sein kann oder das, was nie sein kann, nicht unter die Zeit, 221b 23 – 222a 9.

Das *Kap. 13* bringt ergänzende Bestimmungen zum Jetzt, das sowohl Kontinuität, als auch Teilung der Zeit (und der Bewegung) bewirkt, 222a 10-28, zur Unendlichkeit der Zeit, a 28 – b 7, und zum Zugleichsein u.ä., b 7-29.

Kap. 14: Abschließend erörtert Aristoteles noch einige Aporien und löst sie auf, 222b 30 ff. Von besonderem Interesse ist heute die Aporie, ob die Zeit auch ohne die Seele existiert, 223a 21-29; denn wenn die Zeit Zahl der Bewegung und somit gezählt oder zählbar ist, dann kann sie nicht ohne ein zählendes Subjekt bestehen, d.h. nicht ohne Seele oder Vernunft. Die Aporie auflösend fährt Aristoteles fort:

> «..außer die Zeit besteht (für sich) als ein Wann-Seiendes, wie wenn Bewegung ohne Seele sein kann. Das Früher und Später ist in der Bewegung, und die Zeit ist dies, sofern es zählbar ist», a 26-29.

b) Erörterungen

Soweit die Hauptpunkte der aristotelischen Lehre über die Zeit. Sie bietet heute der Interpretation viele Schwierigkeiten: so die Vereinbarkeit der «physikalischen» Bestimmung der Zeit als Eigenschaft der Bewegung mit der abstrakt «mathematischen» der Zeit als Zahl oder Maß; ferner die Vereinbarkeit beider Bestimmungen, welche die Zeit als objektiv Gegebenes auffassen, mit der «psychologischen» Auffassung, wonach die Zeit wesentlich vom zählenden oder messenden Subjekt abhängt, also nicht unabhängig von ihm existiert. Im folgenden sollen diese Fragen von zwei sehr lehrreichen Abhandlungen hierzu erörtert werden.

J. Moreau hat durch eine ausführliche Studie[27] den Anstoß zu einer weitreichenden Diskussion über Aristoteles' Zeit-Definition gegeben. In einem ersten Teil stellt er eine «ambiguïté dans la théorie d'Aristote» (a.a.O., 79) fest, die dadurch entsteht, daß der ganze Text nicht immer explizit zwischen zwei Bedeutungen der Zeit unterscheidet. Die eine geht auf die empirische Vorstellung der Zeit. Diese folgt der der Bewegung oder Veränderung, ursprünglich der lokalen, unendlichen Bewegung, und stellt die Zeit als deren unendliche Dauer vor. Die andere Bedeutung geht auf ihre transzendentale Bedingung, als messende Ordnung, als arithmetische Zahl. Doch überwiegt dann in der Definition die zweite Bedeutung.

---

27 *Le Temps selon Aristote*, in: Revue philos. de Louvain, 46 (1948), 57-89, 245-274.

Die erste Bedeutung wird zwar nahegelegt durch die häufige Zuordnung der Zeit zur Bewegung, und dieser zum bewegten Gegenstand, ferner durch die Feststellung, 218b 21 ff., daß wir die Zeit nicht ohne die Bewegung wahrnehmen. Doch bedeutet dies für Moreau nicht (65), daß die Zeit, wie die Bewegung, ontologisch eine von uns unabhängige Realität sei, sondern kann von psychologischer Bedeutung sein, nach welcher die Zeit von unserer Wahrnehmung abhängt. Aristoteles fügt ja hinzu, daß wir die Zeit nicht wahrnehmen würden, wenn nicht wenigstens in uns eine Veränderung des Denkens stattfände. Nach Moreau hat die empirische Zeitwahrnehmung zwar die Bewegung als «materiale» Grundlage, aber ihr immanent ist eine transzendentale Bedingung der Wahrnehmung sowohl der Zeit, als auch der Bewegung oder Veränderung, nämlich die Unterscheidung verschiedener Zeitpunkte und ein messendes Ordnungsprinzip (68-72). Gerade dies will die Definition der Zeit als «Zahl der Bewegung nach dem Früher und Später» besagen. Sie geht auf eine «intellektuelle Operation», die «abstrakte Vorstellung der reinen Sukzession der Jetzt-Instanzen, als eine symbolische Dimension, die gestattet, die Dauer der Bewegung oder Veränderung zu messen...». Sie ist die mathematische Zahl (79). Moreau findet seine Interpretation an zwei Stellen bestätigt. Die eine besagt, 219a 22-23, daß wir die Zeit kennenlernen, wenn wir die Bewegung begrenzen/messen, indem wir das Früher und Später abgrenzen. Hiernach ist die Zeit durch eine intellektuelle Operation des Zählens bzw. Messens bedingt. Die andere Stelle unterscheidet, 220a 26-30, b 8-12, zwischen der messenden und der gemessenen Zahl, z.B. zwischen der abstrakten Zahl Hundert und hundert Pferden oder Menschen. Hiernach ist die Zeit, ihrer eigentlichen Bedeutung nach, ein abstraktes Maß in einer intellektuellen Funktion, unabhängig von konkreten Bewegungen (die nur das Matertial sind, woran es zur Anwendung kommt).

Der zweite, abschließende Teil von Moreaus Studie geht vom Ergebnis des ersten Teiles aus: «Il est donc manifeste que le Temps défini par Aristote est le temps mathématique» (245). Die abstrake Vorstellung der Abfolge «beruht auf dem Vorgang der Symbolisierung» der mathematischen Ordnung der Zahlen. Parallel hierzu wurde auch der Raum von Aristoteles «reduziert auf eine abstrakte Vorstellung: Er ist nur eine "Ordnung von Dingen", ein "rationales Sein"» (246). Gleichwohl ignoriert Aristoteles nicht «das metaphysische Problem des Seins der Zeit oder der Existenz in der Zeit» (247). Doch entzieht sich die Bewegung und ihre Existenz in der Zeit dem begrifflichen Festhalten durch den Intellekt; denn sie ist immer wieder eine andere, während der Begriff etwas Identisches festzuhalten sucht. Das metaphysische Fundament der Zeitvorstellung liegt aber in ihrer «transzendentalen Bedingung» (247 ff.). Sie setzt eine «Meditation über die Existenz der Zeit» voraus, «über das "Sein in der Zeit" in ihrer Beziehung zur Ewigkeit des absoluten Seins» (248). Dies wird für Moreau deutlich aus Aristoteles' Lösung zum Problem des Jetzt, das einerseits im Fluß der Zeit immer wieder ein anderes sein, andererseits immer dasselbe sein soll. Die Lösung, die das Jetzt in Analogie zum bewegten Gegenstand setzt (wie dieser immer derselbe in der Bewegung bleibt, so auch das Jetzt im Zeitfluß), erscheint Moreau erstaunlich dunkel; denn wie soll das Jetzt, das nur in der abstrakten Vorstellung der Sukzession ist, ein ebenso reales Sein haben, wie ein bewegter Gegenstand? (249). Das Problem löst sich für Moreau nur in einer metaphysischen Betrachtung auf, wie sie Plotin in *Enneade III 7*, Über die Ewigkeit und die Zeit, bietet, welche das Sein der Zeit und das In-der-Zeit-Sein der Dinge in Beziehung zum ewigen Sein des göttlichen Prinzips setzt. Aristoteles' abschließende Erörterungen, *Phys. IV 14,* weisen zwar in die Richtung jener metaphysischen Betrachtung, erreichen diese aber nicht eigentlich, weil sie zu sehr auf die epistemologische Methode festgelegt sind: «La méthode d' Aristote... est principalement, et presque entièrement, épistémologique, au point que c' est seulement la notion mathématique du Temps qui, une fois constituée, avère qu'il se trouve en dehors de son domaine des êtres éternels, les objets mêmes de la mathématique: éternité objective, éternité d'un objet de pensée, d'une vérité, d'une essence, et qui n'équivaut pas certes à l'éternité de vie, à la plénitude de l'être absolu, où Plotin montrera la source éminente de l'existence temporelle» (263). Aristoteles ist nicht fern von Plotins Auffasung, daß die Zahl nicht in den Dingen gegeben ist, sondern ein ens rationis ist und in sie hineingedacht werden muß («.. mais doit être introduit par la pensée [hineindenken]...»), so daß die Zeit als Zahl der Bewegung nicht unabhängig von der Seele besteht. In der Erörterung der Aporie, *Kap. 14*, 223a 22 ff., sagt zwar Aristoteles, daß das Früher und Später in der Bewegung sei, unabhängig von der Seele. Aber diese Wahrnehmung ist für Moreau noch nicht die der Zeit; denn diese hat als (transzendentale) Bedingung die zählende Funktion der Seele und hängt somit von ihr ab (264).

Um nun Moreaus Interpretation der aristotelischen Zeit-Definition auszuwerten, können wir zunächst feststellen, daß sie sicherlich richtig im Messen der Bewegung in Zeiteinheiten nach einem arithmetischen Maßsystem eine Leistung des menschlichen Intellekts sieht und daß, so gesehen, die Zeit vom Subjekt abhängt. Aber hinsichtlich der Unterscheidung zwischen der empirischen Zeit, die an sich bloß die grenzenlose Dauer der Bewegung ist, und der transzendentalen Zeit, die als Leistung des Subjekts von ihm abhängt und jene empirische Dauer der Bewegungen erst zur zählbaren Zeit macht, liegt doch eine moderne, von Kant und Bergson beeinflußte Auffassung der Zeit vor, die sich aus dem *Physica*-Text so nicht entnehmen läßt. Aristoteles' Bestimmung der Zeit als eine Eigenschaft der Bewegung, die wir nicht ohne die Bewegung wahrnehmen, hat sicherlich auch eine ontologische, objektive Bedeutung für die Zeit-Definition selbst und gibt ihr nicht eine primär psychologische Bedeutung, mit der Abhängigkeit vom Subjekt. Bewegung und Zeit haben ihre formale Struktur und Bestimmtheit schon in den Erfahrungsdingen selbst und gehören deshalb nach *De anima II 6* zu dem «gemeinsam Wahrnehmbaren», das für das erkennende Subjekt maßgebend ist. Aristoteles' Bemerkung in *Phys. IV*, 218b 21 ff., daß wird keine Zeitwahrnehmung hätten, wenn nicht wenigstens in unserem Denken eine Bewegung, Veränderung, stattfände, läßt sich nicht subjektivistisch auslegen. Vielmehr zeigt die Bemerkung eine ontologische, objektive Seite im Subjekt selbst an, dessen rationale Seele auch der «Bewegung», Veränderung unterworfen ist, so hier bei Wahrnehmung und Denken, wo sie vom Objekt her bestimmt wird. Bei der Wahrnehmung der Bewegung und der Zeit ist also das Subjekt selbst mit betroffen. Die Dinge außer ihm haben Bewegung, und die Seele in ihm ist auch in «Bewegung». Dem entsprechen zwei Zeiten, die der äußeren Dinge und die der Seele selbst, eine physische und eine psychische Zeit. Jene kann nicht in diese umgedeutet werden. Sie widerstreiten aber auch nicht einander, sondern die innere Zeitwahrnehmung begleitet die äußere.

Eine andere Stelle, auf die sich Moreaus transzendentale Zeit-Interpretation beruft, ist diese, 219a 22-23: «Wir lernen die Zeit kennen, wenn wir die Bewegung begrenzen, indem wir das Früher und Später abgrenzen». Doch läßt sich aus ihr nicht folgern, daß erst unsere Denkfunktion des Begrenzens, Messens, zur Bewegung die Zeit hinzubringe, hinzudenke. Zwar findet sich das arithmetische Maßsystem so, wie es im Intellekt ist, nicht in den konkreten, bewegten Dingen, wohl aber liegt in ihnen schon eine Anordnung nach dem Früher und Später vor, und d.h. eine zahlenmäßige Struktur.

Der modernen Interpretation entgeht die Ebene der konkreten Zahl, die für Aristoteles zum «gemeinsam Wahrnehmbaren» gehört, und von der die ideale, mathematische Zahl abstrahiert ist. Aristoteles hat ja bekanntlich, mit Kritik an Platons Lehre von den mathematischen Gegenständen, wonach sie in einem eigenen Bereich des Seienden abgetrennt von den Sinnesdingen bestehen, am Mathematischen den Begriff des Abstrakten entwikkelt. Hiernach werden die abstrakten Gegenstände «als» getrennt von den konkreten Dingen betrachtet, während sie real so nicht getrennt für sich bestehen, wohl aber in den konkreten Dingen ein Fundament haben. Nach dieser Lehre lassen sich die vorliegenden Stellen in *Phys. IV* verstehen (s.o.), die offensichtlich zwischen konkreter und abstrakter Zahl unterscheiden.

Daß die Zeit für Aristoteles nur ein ens rationis ist oder die Vorstellung der Abfolge des Früher und Später in der Bewegung ist, konstituiert nach einem hinzugedachten System der Zahlensymbolik, diese Interpretation ist vom aristotelischen Text aus unhaltbar. Aber auch, daß die ontologische Dimension der Zeit durch die der mathematischen Bestimmung der Zeit als Zahl der Bewegung ersetzt werde, wird vom Text nicht gestützt. Besonders die Stellen, welche die Aporien zur Zeit und zum Jetzt erörtern und auflösen, lassen klar ihr ontologisches Fundament erkennen. Einerseits sind in einer Bewegung die Teilzeiten, wie auch das sie teilende Jetzt, dem Sein nach (aktuell) immer wieder anderes, andererseits sind sie dem Wesen nach (potentiell) immer dasselbe. Darin drückt sich deutlich das unvollendete (defektive) Sein der Bewegung, der Zeit und des Jetzt aus, das als solches auf das schon (in anderer Hinsicht) vollendete substantielle Sein des bewegten Dinges verweist. Damit stimmt überein, daß das Jetzt nicht nur mitwandernde Grenze zwischen Früherem und Späterem in der Bewegung ist, sondern auch eine unteilbare Einheit, die aus der verfließenden Zeit heraustritt. Als solches ist es nur noch ein akzidenteller Aspekt der Zeit, weil vielmehr Prinzip der Zeit; denn es ist nun ein Aspekt des Seins des bewegten Dinges selbst, das dem Intellekt im Jetzt zugänglich ist.

Was schließlich die Aporie der Unabhängigkeit der Zeit von der Seele betrifft, welche die Bewegung nach Zeiteinheiten zählt, so deutet zwar Aristoteles die Lösung nur kurz an – ein Zeichen, daß sie für ihn keine große Aporie ist –, aber genügend klar in der Richtung, daß die Zeit, wie die Bewegung vom Subjekt unabhängig ist. Die Zeit ist in der gegliederten Ordnung des Früher und Später der gerichteten Bewegung, in der ihre Zählbarkeit, ja ihr Gezähltsein liegt. Dabei ist das Jetzt das zählende, gliedernde Prinzip, immer ein Früher und Später trennend. Die Lösung der Aporie verweist also wieder auf das ontologische Fundament der Zeit, auf das Sein des bewegten Dinges.

Es wäre interessant, mit der aristotelischen Zeitlehre die des hl. Augustinus zu vergleichen, was hier nicht geschehen kann. Wenn er sich auch nicht direkt auf Aristoteles beruft, hat seine Lehre mit der aristotelischen manches gemeinsam. Bei ihm findet sich zwar eine ausführlichere Untersuchung über die psychologische Zeit (in den *Confessiones XI*), doch hält er ebenso auch am objektiv realen Aspekt der Zeit fest. Was die Natur der Zahl betrifft, so hat sie einerseits eine abstrakt allgemeine Seite, «die allen durch Denkoperationen gegenwärtig ist» (...quod ratio et veritas numeri omnibus ratiocinationibus presto est..., *De lib. arb. II 8* [20]), andererseits auch eine konkrete; «denn auch alle Körper haben ihre Zahlen (et corpora enim omnia... habent numeros suos, ibid. II 11 [31]). Sie sind das reale Fundament für die abstrakten Zahlen.»

In einer ausführlichen Studie hat J. Dubois O.P. zu Moreaus Interpretation von *Phys. IV 10-14* kritisch Stellung genommen[28]. Er legt dar, daß der ganze Interpretationsansatz «dem Denken des Aristoteles fremd» ist (a.a.O., 39). Hiernach habe Aristoteles' Zeitdefinition das Sein der Zeit, in seiner metaphysischen Problematik, verfehlt und sie auf die mathematische Vorstellung verkürzt. Sie erreiche nur eine abstrakte Zeit, als intellektuelle Vorstellung, ein ens rationis. Als solche sei die Zeitvorstellung transzendentale Bedingung der Wahrnehmung oder Erfahrung der Bewegung. Die aristotelische Definition bleibe diesseits einer wirklichen Philosophie der Zeit und ersetze sie durch eine mathematische Analyse. Schon in *Kap. 10* sei der Philosoph der ontologischen Frage der Existenz der Zeit ausgewichen und habe sie zur Frage nach ihrem Wesen hin verschoben (41). Du Bois legt dann dar, daß nach Moreaus Interpretation Aristoteles nur «die Vorstellung der Zeit» bestimme, ohne auf ihren ontologischen Status einzugehen (42 ff.). Sie habe eigentlich nur eine psychologische Bedeutung (45). Diese Interpretation nimmt auch der Aussage in *Kap. 10*, daß die Zeit eine Eigenschaft (πάθος) der Bewegung ist, ihre real ontologische Bedeutung; denn sie sei dies nur auf der faktisch empirischen Ebene, nicht auf der intellektuellen Ebene. Auf dieser sei umgekehrt die Zeit die transzendentale Bedingung für die Erfahrung der Bewegung (46 ff.). Doch findet diese Interpretation, wie Du Bois nachweist, keine Stütze an den Texten selbst. Ebensowenig Moreaus Versuch zu zeigen, daß die Vorstellung der Zeit bei Aristoteles von der intellektuellen Funktion des Zählens, Messens, konstituiert werde (53). Gegen seine eigene Interpretation muß Moreau doch zugeben, daß bei Aristoteles die Zeit nicht nur «zählende», sondern auch «gezählte Zahl» ist (54 ff.). Nach der aristotelischen Lehre habe die Zeit keine «réalité physique» (57). Erst in *Kap. 14* berühre sie, hinsichtlich der Aporie, ob die Zeit ohne die messende Seele existiere, die ontologische Seite der Zeit, die sich dann aber nur auf die psychologische Perspektive beschränke (58). Erst Plotin erreiche die metaphysische Dimension (60 ff.). Moreau favorisiert eine idealistische Auffassung, wonach die Zeit wesentlich durch eine intellektuelle Operation konstituiert werde, die aber nicht mehr metaphysischer, sondern transzendentalistischer Art sei. Du Bois konzentriert dann seine kritische Stellungnahme zu Moreau richtig auf das Hauptproblem der aristotelischen Zeittheorie, nämlich auf die Struktur des Jetzt, in dem die Zeit

28 J. Dubois, *Signification ontologique de la définition aristotélicienne du temps,* in: Revue Thomiste 60 (1960), 38-79, 234-248.

mit dem real bewegten Seienden verbunden ist, dem Moreaus Interpretation nicht gerecht wird (70 ff.). Du Bois beschließt seine Abhandlung mit der realistischen Auslegung des Phys.-Textes, die der strikten Entsprechung zwischen der Zeit und der Bewegung folgt, sowie zwischen dem Jetzt und dem Sein des bewegten Gegenstandes (234 ff.).

—

Abschließend können wir einige bedeutsame Gesichtspunkte aus Aristoteles' Lehre von der Zeit zusammenfassen und weiterführende Überlegungen anfügen:

1. Sie ist eine Realität, und zwar als eine reale, objektive Eigenschaft der Bewegung, unabhängig vom Subjekt. In der Zeit, die irreversibel gerichtet und nach dem Früher und Später verläuft, liegt ein Geordnetsein der Bewegung.

Die Zahl gehört ja, wie auch die Bewegung, nach Aristoteles (*De an. II* 6) zu dem an den Sinnesdingen «gemeinsam Wahrnehmbaren». Die Zeit wie die Bewegung fallen unter die Akzidenz-Kategorien und sind akzidentell Seiendes an jedem bewegten Ding.

2. Das Jetzt als Grenze zwischen dem Früher und Später ist das gliedernde, «zählende» Prinzip der Zeit. Es ist einerseits eine fließende Grenze, die im Zeitfluß mitwandert, in bezug auf das unvollendete, akzidentelle Zeitsein. Andererseits ist das Jetzt aber auch auf das vollendete (substantielle) Sein des bewegten Gegenstandes bezogen und selber eine in sich geschlossene Einheit (also keine bloße Zusammensetzung aus dem Früher und Später). Nur im Jetzt erfaßt der Intellekt das Sein jedes Dinges. Die wandernde Grenze ist eine einfache, die Kontinuität der Zeit stiftende, die aktuell teilende Grenze ist eine doppelte und erzeugt Diskontinuität.

Man beachte, daß der Charakter der doppelten Grenze nicht das Jetzt spaltet oder seine Einheit aufhebt, sondern sich gerade bei der Betrachtung des Jetzt in seiner geschlossenen Einheit ergibt, so daß sie Grenze nach zwei Seiten wird, zwei Teile erzeugt. Zum Jetzt als unteilbarer Einheit vergleiche man auch das Argument in *Ethica Nicom. X*, 1174b 6 ff., daß die Lust keine Bewegung ist, weil sie nicht als eine solche erfahren wird, sondern vielmehr in einer unteilbaren Einheit im Jetzt.

Die häufig von Aristoteles hervorgehobene Entsprechung der Zeit zur Bewegung und zur Größe, symbolisiert durch eine Linie (einen Vektor), wie auch des Jetzt zum Punkt auf der Linie, ist in nachstehendem Schema festgehalten. Anmerkung: Die Dinge in ihrer Bewegung und Zeitlichkeit betrachten heißt: sie gerade nicht in ihrem Sein betrachten.

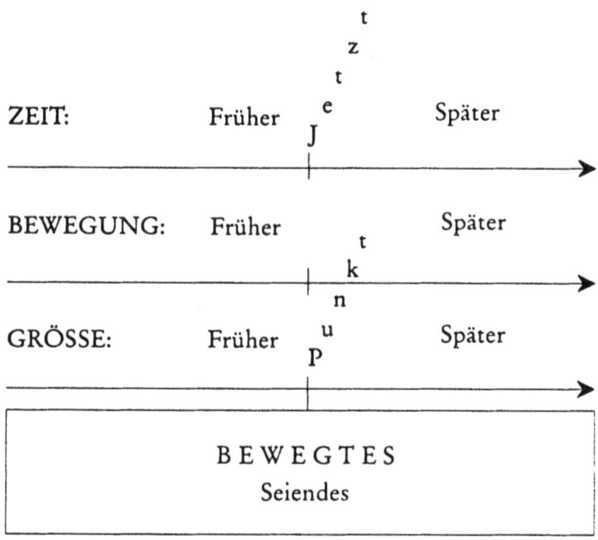

Dieser Sachverhalt wird bei Heidegger verfehlt, wenn er das Sein als Zeit auslegt. Im Zeithorizont der Dinge werden wir gerade nicht ihres Seins ansichtig.

3. Daß die Zeit von der Seele gemessen, gezählt wird, macht sie nicht vom Subjekt abhängig. Vielmehr liegt in der Seele selbst etwas Objektives vor, nämlich Bewegung, und mit ihr eine ihr eigene psychische Zeitlichkeit, die wiederum mit Hilfe der äußeren Zeit gemessen werden kann.

4. Die Zahl als Zeit ist eine konkrete, wahrnehmbare, verschieden von der mathematischen. In *De an. II 6*, 418a 17, wird die Zahl, wie schon erwähnt, unter den «gemeinsamen Wahrnehmungsobjekten» genannt. Es läßt sich zwischen den konkreten Zahlen zählbarer/gezählter Dinge und dem abstrakten, mathematischen Zahlensystem (mit bestimmten Maßeinheiten) unterscheiden.

Die Zeit-Zahl ist, nach dem *Phys.*-Text die der Bewegung der konkreten Dinge und hat als Bestandteile das Früher und Später, mit dem Jetzt als Grenze, während dagegen die mathematische Zahl abstrakt und im Unbewegten ist und als Bestandteile Gerade, Ungerade und Einheit hat. – Im übrigen gibt es nach Aristoteles nur im mathematischen Bereich das Unendliche, bzw. unendliche Teilbarkeit, als vollendet real gedacht, nicht dagegen in der konkreten Natur.

IV) Zum ersten, unbewegten Beweger in *Physica, Buch VII-VIII*

1) Der erste, unbewegte Beweger in *Physica VII-VIII* als verschieden von dem in *Metaphysica XII 6-7*

a)

Hinsichtlich des ersten, unbewegten Bewegers, der in den *Physica-Büchern VII-VIII* bewiesen wird, gibt es eine lebhafte Kontroverse, ob er derselbe ist wie in *Metaphysica XII 6-7* oder nicht. Die verschiedenen Interpretationen sind gut bei Jean Paulus[29] dargelegt. Wir referieren zunächst seine Darlegung und seine eigene Interpretation und nehmen dann anschließend Stellung dazu.

Die Mehrheit der Interpreten betrachtet den ersten, unbewegten Beweger von *Phys. VII-VIII* aus dem Gesichtspunkt von *Metaph. XII* her und versteht ihn als eine der Welt transzendente, göttliche Substanz, die reiner Akt (Vernunfttätigkeit) ist. Demgegenüber versuchen einige Interpreten, ihr Verständnis nur aus *Phys. VII-VIII* selbst zu gewinnen, wonach der erste, unbewegte Beweger die Seele der ersten Himmelssphäre, des Fixsternhimmels, ist, ohne nach einer Vereinbarkeit mit den Aussagen in *Metaph. XII 6-7* zu suchen. Bei beiden Gruppen von Interpreten bleibt der Unterschied zwischen den Aussagen über den ersten, unbewegten Beweger in *Physica* und *Metaphysica* unbeachtet und ungeklärt.

W. Jaeger macht auf den Unterschied aufmerksam und sieht in ihm einen Gegensatz oder sogar einen Widerspruch, den er entwicklungsgeschichtlich in der Weise aufzulösen versucht, daß die Auffassung vom ersten Beweger in *Metaphysica XII* eine frühe, Platon verwandte, «theologische» sei, dagegen die in *Physica VIII* eine späte, empirische, «physikalische» («astrologische»), die statt eines Bewegers viele annimmt. Nach Jaegers entwicklungsgeschichtlicher Hypothese wäre im frühen *Metaph.-Buch XII* das *Kapitel 8* über die vielen (vierundfünfzig) unbewegten Beweger ein später Einschub, der im Gegensatz zu den übrigen Kapiteln stehe.

H. v. Arnim sieht die Aussagen in *Physica* und *Metaphysica* nicht in Gegensatz zueinander, stattdessen läßt er ihnen bei Aristoteles ein früheres Stadium in *De caelo* vorausgehen, wo unser Philosoph die Bewegung der Himmelssphären durch eine Eigenbewegung ihrer Materie – des sog. Äthers

---

29 *La théorie du Premier Moteur chez Aristote*, in: Revue de Philosophie 33 (1933), 259-294, 394-424.

– erkläre, also noch keinen, von ihr verschiedenen, ersten Beweger angenommen habe.

Wenn man die erste Bewegungsursache in den *Physica* und den *Metaphysica* nicht für verschiedene hält, ergibt sich die Kritik, daß beide Schriften von derselben Urache in widersprüchlicher Weise handeln: Nach den *Metaphysica* sei die erste göttliche Ursache höchster transzendenter Zweck, als ganz auf sich gerichtetes Vernunftwesen, sich selbst denkend. Von ihm gehe nur insofern Bewegung aus, als er ein erstrebter, geliebter, Gegenstand sei, was beim Strebenden schon Selbstbewegung voraussetze. Dagegen sei nach den *Physica* der erste, unbewegte Beweger auf die Welt gerichtet und teile ihr durch Berührung aktive Bewegung mit. M. de Corte[30] legt ausführlich den Gegensatz zwischen beiden Schriften hinsichtlich der ersten Bewegungsursache dar: «Pour opposer une dernière fois Physique et Métaphysique: chez la première, la relation motrice de Dieu à la première sphère est conçue à la façon d'un homme qui donnerait une impulsion à une boule; certes, il peut faire que la boule revienne vers lui comme vers sa fin, mais alors plus n'est besoin de la théorie de l'amour et du désir sur quoi se base la Métaphysique; chez la seconde, la relation finale du monde à Dieu est conçue à la façon d'une boule animée de la manière humaine et se dirigeant de la même manière vers la fin, mais alors n'est plus besoin d'une impulsion efficiente qui la mettrait en branle au préalable» (a.a.O., 138). Sonach bedeutet die mechanische Bewegungsmitteilung von seiten des Gottes der *Phys.* einen Deismus, der bei Aristoteles die primitiven astronomischen Vorstellungen seiner Zeit zu Hilfe nimmt.

Zu einer ähnlichen Ansicht kommt auch W. Schadewaldt[31]. Er sieht im Gott in *Metaph. XII* keinen eigentlichen Beweger mehr. «Wenn der Beweger als Erstrebtes bewegt, so setzt das bei dem Bewegten Seele und Leben (ζωή), also Spontaneität und damit schon Bewegung voraus» (a.a. O., 458). Doch bleibe die tiefere Erklärung in den *Metaph.* im Ansatz stecken; denn man frage sich, warum nur die Gestirn-Seelen durch die Liebe zu Gott bewegt werden, und nicht alles Beseelte und Lebendige. In *Metaph. XII 7* seien zwei sich widerstreitende Anschauungen verarbeitet, die des ersten Bewegers der *Phys.*, der «von oben nach unten» wirke, und die des beseelt-strebenden Kosmos, der «von unten nach oben» in Bewegung sei (wobei sich hier der Einfluß der Lehre des Eudoxos v. Knidos bemerkbar mache, die sich durch ein tieferes Verständnis des Vitalen auszeichne).

---

30 *La causalité du premier moteur dans la philosophie Aristotélicienne*, in: Revue d' Histoire de la Philosophie, 1931, 105 ff.

31 *Eudoxos v. Knidos und der unbewegte Beweger*, in: Hellas und Hesperien, 1957.

Viele Interpreten lehnen es ab, Gott als Bewegungsursache anzusehen, wie z.B. D. Ross[32], A. Mansion[33], J. Chevallier[34], Ravaisson-Mollien[35] und Mugnier[36]. Die Ablehnung erfolgt bei allen aus denselben Gründen, die aus folgenden zwei Zitaten deutlich werden, so bei Chevallier: «Dieu est cause, non efficiente, mais finale du monde: le premier moteur étant nécessairement immobile ne peut agir par contact puisque tout contact implique action reciproque, donc passion aussi dans le moteur... Dieu meut le monde... comme objet d' amour par l' intermédiaire du mouvement du premier ciel.» – Mugnier: «Du coup, la causalité efficiente doit être refusée au Premier Moteur, tout d'abord parce que celui-ci est inétendu et immatériel (*Phys. VIII 10*) et puis surtout parce qu' il est immobile absolument (παντελῶς) et immuable.»

Doch ist das Argument des Erleidens, wonach nicht nur das passive Prinzip vom aktiven, sondern auch umgekehrt das aktive etwas vom passiven Prinzip erleide, nicht stichhaltig. Es orientiert sich zu einfach an materiellen Verhältnissen; denn schon die Seele in den Lebewesen ist ein leidensfreies, unbewegtes Bewegungsprinzip (Phys. VII-VIII). Auch F.X. Meehan[37] wendet gegen ein solches Argumentieren ein, daß man bei Aristoteles zwischen einer ersten und einer letzten Bewegungsursache unterscheiden könne, d.h. zwischen immateriellen (Seele, Gott) und materiellen, und daß zwar bei den letzteren Tun und Leiden statthat, nicht mehr dagegen bei den ersteren.

Die hier genannten Probleme scheinen sich m.E. zu entschärfen (und vielleicht sogar aufzulösen), wenn man erkennt, daß, wie schon gesagt, die erste Bewegungsursache in den *Phys.* und den *Metaphys.* wesentlich verschieden sind und sich zueinander verhalten, wie die immanenten Zwekkursachen zur transzendenten. Deren Unterschied und gegenseitiges Verhältnis soll nun geklärt werden.

Hilfreich ist hier die Untersuchung von J. Paulus, der den Unterschied zwischen den Aussagen über den ersten, unbewegten Beweger in *Physica* und *Metaphysica* für unübersehbar hält. Er läßt sich nach ihm systematisch so zusammenfassen:

---

32 *Aristotle*, 1930, 182 ff.

33 *Introduction à la Physique Aristot.*, Louvain 1913.

34 *La notion du nécessaire*, Paris 1915, 166.

35 *Essai sur la Métaphysique d'Aristote*, Paris 1837, 569 ff.

36 *La théorie du premier moteur*, Paris 1930, 112.

37 *Efficient Causality in Aristotle and St. Thomas Aquinas*, Diss. Washington 1940.

Physika VII	Metaphysica XII
Erstes, unbewegt Bewegendes, als Bewegungsursache, an der ersten Fixsternsphäre, als Seele an ihr.	Erstes, unbewegt Bewegendes, als Zweckursache («Geliebtes»), das schon Himmelssphären mit Seelen voraussetzt, die auf jenes erste Bewegende als auf ihr Objekt gerichtet sind.

In *Metaph. XII, Kap. 6 u. 7*, werden die Himmelssphären als beseelte verstanden. Nicht die Sphären, sondern ihre Seelen werden vom ersten, unbewegten Beweger, als ihrer Zweckursache, bewegt und sind identisch mit den 54 unbewegten Bewegern in *Kap. 8*. Dieses Kapitel steht also nicht in Gegensatz zu den übrigen.

Ebenso werden auch in *De caelo* die Himmelssphären schon als beseelte angenommen. Ihre Materie, der Äther, hat zwar die Kreisbewegung als die ihrer Natur allein gemäße, verursacht sie aber nicht selbst.

Der Unterschied zwischen den Aussagen in *Physica* und *Metaphysica* beruht also nicht auf zwei gegensätzlichen (oder gar widersprüchlichen) Konzeptionen des Aristoteles von demselben ersten, unbewegten Beweger, was mit Jaeger entwicklungsgeschichtlich erklärt werden müßte. Vielmehr erklärt er sich dadurch, daß der erste unbewegte Beweger in *Phys. VIII* verschieden ist von dem in *Metaph. XII*, weil auch die Betrachtungsweise in beiden Schriften eine verschiedene ist: In den *Physica* geht sie auf die Seele der ersten Himmelssphäre, in den *Metaphysica* hingegen auf eine transzendente, erste, göttliche Substanz, die als Zweckursache bewegt, wobei das erste Bewegte die Seele der ersten Himmelssphäre ist. Doch versteht Paulus seine Interpretation nur als mögliche Hypothese, die von den Texten nahegelegt wird, aber nicht eindeutig ablesbar ist.

Paulus' Interpretation erscheint mir überzeugend. Daß das erste, unbewegt Bewegende in *Phys. VIII* die Seele der ersten Himmelssphäre ist, als verschieden von dem in *Metaph. XII*, ergibt sich aus dem Kontext der *Phys.-Bücher VII* u. *VIII*. Diese gehen von der physischen Bewegung der Naturdinge aus und kommen zu den Lebewesen als dem «Sich-selbst-Bewegenden». Dabei wird Platons Definition der Seele korrigiert, der sie als das Sich-selbst-Bewegende bestimmte. Die Analyse der Lebewesen erschließt dann die Seele als ein unbewegt bewegendes Prinzip; denn im sich selbst bewegenden Lebewesen muß es ein bewegtes Prinzip geben, das nicht mehr bewegt, sondern nur bewegt wird, und ein bewegendes Prinzip, das nicht mehr bewegt wird. Nicht nämlich können die konstitutiven Teile des Lebewesens wiederum sich selbst bewegende sein, sonst wäre das Lebewesen wieder aus Lebewesen zusammengesetzt. Das bewegte Prinzip aber ist der Leib, hingegen das unbewegt bewegende Prinzip die Seele (*VIII 6*). Es folgt die weitere Unterscheidung zwischen den Seelen in den vergänglichen (irdischen) Lebewesen und in den unvergänglichen Lebewesen, d.h. den Himmelssphären mit den Gestirnen, die als beseelt vorgestellt werden.

In *Phys. VIII 6* ergibt sich eine Einteilung des unbewegt Bewegenden in solches, das nicht mehr an sich, aber noch akzidentell bewegt wird (259a 20 – b 31) – sei es von sich selbst, sei es von anderem –, und solches, das absolut, d.h. auch akzidentell unbewegt ist (259b 23-24).

Unbewegt Bewegendes

- Zweites, unbewegt Bewegendes, akzidentiell bewegt
  - von sich selbst (259a 20-b 20)
  - von anderem (259b 20-31)
- Erstes, unbewegt Bewegendes, auch akzidentiell unbewegt (259b 23–24)

Der Dreiteilung lassen sich drei Formen von Seelen zuordnen:

Seelen der irdischen Lebewesen	Seelen der Himmelssphären («einige Prinzipien am Himmel»), außer der ersten	«Die Seele der ersten Himmelssphäre»

Während die irdischen Lebewesen diskontinuierliche, nicht kreisförmige Bewegungen vollziehen, führen die Himmelssphären kontinuierliche Kreisbewegungen aus. Doch tritt bei den letzteren wieder der Unterschied auf zwischen den übrigen Himmelssphären, außer der ersten, und der ersten selbst. Nur die erste Himmelssphäre vollzieht eine reine Kreisbewegung, dagegen haben die übrigen Sphären zusammengesetzte Bewegungen, die aus ihrer je eigenen Kreisbewegung und nicht-kreisförmigen Bewegungen resultieren. Die letzteren ergeben sich aus dem Einfluß der je höheren Sphären auf die niedrigeren. Anders als Paulus, scheint mir aus dem Kontext nicht nur als mögliche Hypothese, sondern als von Aristoteles angestrebte Auffassung dies zu sein, daß die Seele der ersten Himmelssphäre absolut unbewegtes Bewegungsprinzip ist, da die erste Himmelssphäre keinem Einfluß einer höheren Sphäre mehr untersteht. Voraussetzung hierfür ist nur die, daß die Seelen der Himmelssphären nicht mehr akzidentell von sich selber bewegt werden, wie die der irdischen Lebewesen, die mit dem Leib wesentlich verbunden sind und, ihn bewegend, akzidentell in ihm mitbewegt werden. Die Seelen der Himmelssphären haben hingegen mit diesen, als ihrem Leib, nur eine akzidentelle Verbindung, so daß sie durch die Bewegung, die sie ihrer Sphäre mitteilen, nicht selber mitbewegt werden, wohl aber durch die Bewegung, die auf ihre Sphäre von der/den höheren einfließt, so daß diese akzidentell mitbewegt wird. Da ein solcher Einfluß, wie gesagt, bei der ersten Himmelssphäre fehlt, kann die erste Seele gänzlich, auch akzidentell, unbewegt sein.

Die absolute Unbewegtheit bedeutet aber in *Phys. VIII* nur die Verneinung jeder physischen Bewegung. Dies hindert nicht, daß die Seele der ersten Himmelssphäre in metaphysischer Hinsicht wiederum «bewegt» wird von ihrem Objekt, als dem «Geliebten», von dem der Text in *Metaph. XII* spricht, und das sich nunmehr als das erste (transzendente) unbewegte Bewegungsprinzip erweist, das göttliche Wesen (erste Substanz), über den Seelen der Himmelssphären.

Als weitere Frage, die hier nicht mehr zu erörtern ist, stellt sich die, ob in *Metaph. XII, Kap. 8,* die erste, göttliche Bewegungs- als Zweckursache nur die Seele der ersten Himmelssphäre bewegt, oder auch die der übrigen Sphären. Nach Paulus bewegte sie nur die Seele der ersten Sphäre, während die der übrigen Sphären je ihre eigene Zweckursache hätten, und zwar in einer jeweils ihr übergeordneten Substanz. Doch bietet dafür der Text m.E. keinen Anhalt. Das Beweisargument, 1074a 18-31, daß es für die errechneten 55 Bewegungen der Himmelssphären ebensoviele d.h. 55 unbewegte Bewegungsprinzipien gibt, stützt sich auf deren Zweckaspekt: Jeder dieser unbewegten Beweger ist «Zweck einer Bewegung», a 23. Und da sich keine anderen Bewegungen finden, gibt es auch keine weiteren Zweck- als Bewegungsursachen mehr von ihnen. Dabei sind diese ersten Beweger oder Seelen – wie die bei den irdischen Lebewesen – immanente Zweck-, Bewegungsursachen der himmlischen Lebewesen, d.h. Zweck als das «Worum-willen» ihrer Bewegung. Die in *Kap. 8* erwähnten Zweckursachen sind also mit den unbewegten Bewegern identisch. Anders verhält es sich mit der göttlichen Substanz, die «als Geliebtes» bewegt, als das «Wofür», auf das alles hingeordnet ist, als den transzendenten Zweck des Kosmos[38].

38 Vgl. auch *Metaph. XII Kap. 10.* Zur Unterscheidung zwischen den zwei Arten von Zweckursache, der immanenten, als dem Worumwillen in den Naturdingen, und der transzendenten, dem Wofür, auf das alles hingeordnet ist, s. *Kap. 7*, 1072b 1-3. Dies erläutert näher der Kommentar meiner Ausgabe *Aristoteles' Metaphysik, Bd. II.*

b)

Wem die Texte in *Physica* und *Metaphysica* von demselben ersten unbewegten Beweger zu handeln scheinen, ohne daß sie zueinander in Gegensatz oder Widerspruch stünden, der könnte auch folgende Interpretation versuchen, daß nämlich der unbewegte Beweger in den *Metaphysica* in physischer Bedeutung verstanden werden müsse. Einen Versuch in dieser Richtung hat in jüngerer Zeit Kl. Oehler unternommen[39], auf den hier noch eingegangen werden soll.

In *Metaph. XII, Kap. 6,* 1071b 5-11, wird der Text in der herkömmlichen Auslegung so verstanden, daß Aristoteles hier seine Lehre über die «göttliche», «abgetrennte» (transzendente), «unbewegte» Substanz mit einem Beweise über ihre Existenz beginnt. Der erste Teil des Beweises lautet so:

«Da es drei Substanzen gibt, nämlich zwei natürliche und eine unbewegte, so wollen wir nun von dieser handeln und zeigen, daß es notwendig eine ewige, unbewegte Substanz geben muß. Die Substanzen nämlich sind von dem Seienden die ersten, und wenn alle vergänglich sind, so ist alles vergänglich. Unmöglich aber kann die Bewegung entstehen und vergehen; denn sie war immer. Ebensowenig die Zeit; denn das Früher und Später ist selbst nicht möglich, wenn es keine Zeit gibt. Die Bewegung ist also ebenso kontinuierlich wie die Zeit, da diese entweder dasselbe ist wie die Bewegung oder eine Eigenschaft von ihr. Kontinuierliche Bewegung ist aber nur die Ortsbewegung, und von dieser die Kreisbewegung.»

Die eingangs erwähnte Dreiteilung der Substanzen erfolgt nach den Kriterien des «Physischen», d.h. Materiellen, Sichtbaren, Bewegten, einerseits und des Nicht-mehr-Physischen (Metaphysischen), Immateriellen, Unsichtbaren, Ewigen, Unbewegten, andererseits. Im physischen Seienden finden sich zwei Arten von Substanzen: die vergänglichen im sublunaren Bereich und die unvergänglichen, ewigen, als die Himmelssphären, im metaphysischen Bereich hingegen die immaterielle, unbewegte Substanz. Deren Existenz soll offenkundig das dann folgende Argument beweisen.

Demgegenüber möchte Oehler zeigen, daß der Beweis «nicht die Existenz der ἀκίνητος οὐσία, sondern der φυσικὴ οὐσία ἀίδιος, d.h. des πρῶτος οὐρανός beweist» (a.a.O. 41). Den Autor überzeugt die traditionelle Interpretation von Thomas v. Aquin bis Bonitz und Zeller nicht, wonach der Beweis die Existenz einer ewigen, unbewegten Substanz erbringt. Er sieht hier ein «Problem», ein «Mißverständnis»; denn der Beweis führe nur zu einer ewigen Substanz, die nach der vorangegangenen Einteilung, in eine bewegte und eine unbewegte Substanz, die ewige, bewegte Substanz der

39 *Der unbewegte Beweger des Aristoteles*, Frankfurt/M., 1984.

ersten Himmelssphäre sein könne und nach der Beweisstruktur auch sein müsse. Dies ergibt sich dem Autor dadurch, daß er den Satz: «Die Substanzen sind von dem Seienden die ersten (= das Erste)», auf die Kategorien-Einteilung bezieht, so daß er besage: Die Substanzen sind Erstes als erste Kategorie des Seienden, im Gegensatz zum akzidentell Seienden nach den übrigen Kategorien. Den Satz: «Und wenn alle Substanzen vergänglich sind, dann ist alles vergänglich», versteht er dementsprechend so: Wenn alle Substanzen vergänglich seien, dann sei auch alles Akzidentelle vergänglich. Nun gebe es aber ein ewiges Akzidenz, nämlich die Bewegung («Nun ist aber etwas ewig, ohne Substanz zu sein: Bewegung...», 47). Von diesem ewigen Akzidenz werde dann auf eine ihm zugrundeliegende, ewige, bewegte Substanz geschlossen und so ihre Existenz bewiesen.

Diese Interpretation scheint mir aber nicht haltbar zu sein: Zwar wird in dem Argument auch bewiesen, daß es unter den sichtbaren Substanzen auch eine unvergängliche gibt, und zwar aus der ewigen Himmelsbewegung. Doch macht dies nur ein Argumentationsglied im Beweis aus, der auf die Existenz einer unbewegten, immateriellen Substanz geht.

Entscheidend für das Verständnis des Beweises ist die ursächliche Bedeutung des Ausdruckes «Die Substanzen sind die ersten vom Seienden», wo «die ersten» bedeutet: die Prinzipien des Seienden, d.h. nicht bloß: Seiendes der ersten Kategorie, substantielles Seiendes. Dies liefe auf die Tautologie hinaus: Die Substanzen sind substantiell Seiendes. Es versteht sich von selbst, daß die im Beweis als existent erschlossenen Substanzen als Prinzipien, erste Ursachen, des Seienden nicht mehr bewegte sein können. Damit fällt das von Oehler bezeichnete Problem dahin[40].

Es geht also nicht um den Unterschied zwischen Substanz und Akzidenz, sondern um den zwischen zweiter, materieller, bewegter Substanz und erster, immaterieller, unbewegter Substanz, wobei die zweite von der ersten

40 Oehler bezieht sich auf *Buch XII, Kap. 1* als Paralleltext, 1069a 19-20: daß nämlich die Substanz in jeder Hinsicht Erstes ist: «Denn auch, wenn das All wie ein Ganzes ist, ist die Substanz erster Teil, und wenn nach der Reihenfolge, dann ist auch so die Substanz erstes (Seiendes), dann das Qualitative, dann das Quantitative». Doch liegt m.E. die Parallele zwischen den beiden Stellen in *Kap. 1* und *Kap. 6* gerade in der ersten der beiden Hinsichten, daß nämlich die Substanz im Gesamt des Seienden (im Kosmos) den «ersten Teil» ausmacht, d.h. erste Ursache zu sein. Man beachte auch den Eingang des *Buches XII*: «Von der Substanz handelt die vorliegende theoretische Untersuchung; denn von den Substanzen werden die Prinzipien und Ursachen gesucht». Daraus geht hervor, daß der Gegenstand der Metaphysik die Substanz in zweifachem Sinne ist: Sie geht von den empirisch gegebenen, materiellen, vergänglichen Substanzen aus, insofern sie «Seiendes als solches» sind, und schreitet zu ihren ersten Ursachen fort, die wiederum (a fortiori) Substanzen sind.

ursächlich abhängt. Oehlers Aufmerksamkeit richtet sich vor allem auf die «ewige» Substanz, die immateriell, unbewegt, aber auch materiell, bewegt sein kann, wonach nichts hindere, daß der Beweis nur zur materiellen, bewegten «ewigen» Substanz (der ersten Himmelssphäre) führe. Entscheidend ist jedoch, wie gesagt, unter ursächlichem Gesichtspunkt, nicht die Unterscheidung zwischen Ewigem und Zeitlichem, sondern zwischen Unbewegtem und Bewegtem, Immateriellem und Materiellem, weil dieses von jenem ursächlich abhängt. Daher kann das Merkmal des Ewigen allein im Beweis nicht entscheidend sein, weil es sich auch im Bereich des Materiellen, Bewegten findet (nämlich als ewig bewegte Himmelssphären).

Vor allem aber ist es gänzlich unmöglich, daß ein Beweis von einer Eigenschaft auf die Existenz der ihr zugrundeliegenden Substanz schließe. Nach Aristoteles' Beweislehre in den *Analytica poster.* gehört zu den Bestandstücken jeder Wissenschaft ein Gegenstand mit bestimmten Eigenschaften, von denen bewiesen werden soll, daß sie ihm notwendig zukommen. Dabei ist die Existenz des Gegenstandes ausdrücklich schon vorausgesetzt[41]. Es kann also keinem Zweifel unterliegen, daß der Beweis in *Metaph. XII 6* von der ewigen bewegten Substanz (der Himmelssphäre) mit der Eigenschaft der ewigen Bewegung auf die Existenz einer ewigen, unbewegten, ersten Bewegungsursache geschlossen wird. Ähnlich war in *Phys. VIII* von der sich selbst bewegenden Substanz, dem Lebewesen, auf die Seele als erste unbewegte Bewegungsursache geschlossen worden. Während dort aber die Unbewegtheit nur eine physische war, hat in *Metaph. XII 6-7* die Unbewegtheit der ersten Substanz metaphysische Bedeutung, wie sich aus dem zweiten Teil des Beweises von *Kap. 6* entnehmen läßt, auf den wir hier nicht mehr eingehen. In mehreren Schritten scheidet er aus dem Begriff der gesuchten unbewegten Substanz jede Art des Potentiellen aus, so daß sie sich schließlich als rein aktuelles Seinsprinzip erweist, «dessen Wesenheit Akt ist», 1071b 19-20.

2) Metaphysische Voraussetzungen der *Physica*

Anhangweise sollen hier noch die metaphysischen Voraussetzungen der *Physica* bedacht werden, soweit wir sie bisher besprochen haben. In *Metaph. VI 1* werden die Mathematik, die «Physik» (Naturphilosophie) und die «Erste Philosophie» (Ontologie, Metaphysik) miteinander nach ihrem Ge-

---

41 Vgl. meine kommentierte Ausgabe *Aristoteles' Zweite Analytiken*, zu *Buch I, Kap. 1-3*, und *Buch II, Kap. 1-2*.

genstande verglichen: Während die Mathematik ihren Gegenstand, die Größen, z.B. die geometrischen Figuren, als «Abtrennbares», Abstraktes, für sich bestehend betrachtet, obwohl sie keine Realität an sich haben, bestehen die Gegenstände der «Physik» und «Ersten Philosophie» für sich «abgetrennt», selbständig. Doch unterscheiden sich wiederum die Gegenstände der «Physik», d.h. die Naturdinge, als bewegte, die Entstehen, Vergehen und Umwandlung haben, von den Gegenständen der «Ersten Philosophie», d.h. von den metaphysischen Ursachen, die unbewegt sind, weil gänzlich immateriell und «abgetrennt» (in dem neuen Sinne, daß sie transzendent sind). Wenn nämlich auch die Erste Philosophie von allem Seienden, einschließlich der Naturdinge, ausgeht, «insofern es ist», so richtet sie sich auf gewisse erste, transzendente Ursachen alles Seienden, als Zielgegenstand. Anders die «Physik». Sie hat zum Gegenstand nicht alles Seiende, sondern, wie die übrigen Einzelwissenschaften, nur einen Teilbereich davon, nämlich die Naturdinge, und betrachtet sie, sofern sie in Bewegung sind. Ihre weitere Untersuchung führt dann zu den natürlichen Bewegungs- und Zwekkursachen.

Die «Erste Philosophie» unterscheidet sich von den Einzelwissenschaften, einschließlich der «Physik», dadurch, daß sie gerade das thematisiert, was alle anderen voraussetzen, nämlich Sein und Wesenheit aller Dinge. Der Text in *Metaph. VI 1* lautet so:

> «Alle (Einzel-)Wissenschaften handeln nur von einem bestimmten Seienden... mit einer umgrenzten Gattung... und geben sich über das Was (τί ἐστιν) keine Rechenschaft, sondern gehen von ihm aus, indem sie es entweder durch Anschauung verdeutlichen oder es als Voraussetzung annehmen (ὑπόθεσιν λαβοῦσαι)... Und ebenso sagen sie auch nichts darüber, ob der Gegenstand, von dem sie handeln, ist oder nicht (εἰ ἔστιν ἢ μή)», sondern setzen auch dies schon voraus.»

Wie für die übrigen Wissenschaften sind auch für die «Physik» Sein und Wesenheit ihrer Gegenstände, d.h. der Naturdinge, eine letzte ontologische/metaphysische Voraussetzung, die von der «Ersten Philosophie» zu behandeln ist. Deshalb ist ihr auch die «Physik», wie die übrigen Wissenschaften, untergeordnet. Gleichwohl steht sie jedoch der Metaphysik näher als die übrigen Wissenschaften (und ist auch nach späterem Terminus eine «spezielle Metaphysik»); denn sie befaßt sich mit Substanzen (der ersten Kategorie), οὐσίαι, weil mit den Naturdingen, wie die Metaphysik – deren Gegenstand, das Seiende als solches, das primäre, substantielle Seiende ist –, nicht mit dem akzidentellem Seienden (der zweiten und übrigen Kategorien), wie die meisten übrigen Wissenschaften. Während deshalb für diese das Sein der Substanzen nur eine entfernte metaphysische Voraussetzung ist, hat die «Physik» Sein und Wesenheit der Naturdinge zur unmittelbaren

Voraussetzung, auf die sie sich bei der Untersuchung der an ihnen auftretenden Eigenschaften, besonders der Bewegung, des Raumes und der Zeit, direkt bezieht.

Dieser Sachverhalt bleibt bei modernen Interpreten häufig unberücksichtigt. Daher soll ihm hier die gebührende Aufmerksamkeit geschenkt werden. Da er sich je nach dem thematischen Zusammenhang anders artikuliert, besprechen wir ihn getrennt nach den folgenden Hauptthemen: a) zum Naturding als solchem, b) zur natürlichen Bewegung und c) zum ersten, unbewegten Bewegungsprinzip.

a) Zum Naturding als solchem

Die ersten zwei Bücher der *Physica* sind hauptsächlich der Auffindung und Bestimmung der konstitutiven Ursachen in den werdenden, bewegungsbegabten Naturdingen gewidmet. In *Buch I* führen die *Kapitel 7-9* in Gedankengängen, die auch für die Metaphysik relevant sind, zur Materie- und Formursache, welche die natürliche werdende Substanz konstituieren, ihrerseits aber nicht selbst wieder werden, sondern immer schon sind und deshalb nicht nur Ursachen für das Werden der Substanz sind, sondern auch für ihr Sein.

«Wenn es also Ursachen der natürlichen Dinge gibt, woraus sie ursprünglich sind und geworden sind (εἰσὶ καὶ γεγόνασι), und zwar nicht akzidentell, sondern jedes nach der ihnen je zugesprochenen substantiellen Wesenheit (οὐσία), so wird offenbar jedes aus dem Zugrundeliegenden (Substrat, Materie) und der Gestalt (Form)», 190b 17-20.

In *Buch II, Kapitel 1-2*, tritt die naturphilosophische Bedeutung derselben Ursachen hervor. Die Untersuchung richtet sich auf die «Physis» (Natur) und bestimmt sie zuerst als das Prinzip der Bewegung und Ruhe, sodann, 193b 2-8, so:

> «Die Physis ist von den Dingen, die in sich das Prinzip der Bewegung und Ruhe haben, die Gestalt und die Form, die nur dem Begriffe nach abtrennbar ist ... Und die Physis ist diese mehr als die Materie», weil in der Form die Verwirklichung liegt.

Ferner ist die Physis ihrer wörtlichen Bedeutung nach (abgeleitet von φῦναι, «Wachsen») «wie der Werdegang zur Natur» (b 12-13), d.h. sie führt den Werdeprozeß zu sich selber her, als dem Formprinzip, das zugleich auch Zweckprinzip ist. Deshalb wird schließlich die Physis als Zweck und Worum-willen des Werdens und der Bewegung bestimmt (193a 14).

Aus den Bestimmungen der Physis ist ihre metaphysische Voraussetzung deutlich. Sie liegt vor allem in ihr als gestaltender Form, die an sich Seinsprinzip ist und als solches, abgetrennt von der Materie, vom Metaphysiker zu behandeln ist. Demgegenüber betrachtet der Physiker (wie Aristoteles in *Phys. I 9, II 2* und *7* festlegt) die gestaltende Form nur in Verbindung mit der Materie, und zwar sofern sie mit der Bewegungs- und Zweckursache identisch ist, woraus das Werden oder jede Art von Bewegung hervorgehen und worauf sie abzielen, wozu die Materie als Mittel dient.

Daß die genannten Prinzipien der Naturdinge nicht wiederum werden, sondern schon sein müssen, setzt der Philosoph in den erwähnten *Physica*-Kapiteln voraus, legt es aber auch ausdrücklich in *I 9*, 192a 25 – b 4, für die Materieursache und in *Metaph. III 4*, 999b 4-16 für die Materie- und Formursache dar.

Phys. I 9, 192a 25 – b 4 (zur Erläuterung, daß die Materie als Substrat der Form und ihrer Privation selbst nicht mehr entsteht und vergeht, sondern «unvergänglich und unentstanden» ist):

> «Denn wenn sie wiederum entstünde, müßte etwas anderes als Erstes zugrunde liegen, woraus sie als immanentem (Bestandteil) entstünde. Dessen Natur selbst liegt aber darin, daß es schon immer sein wird, bevor es entstehen könnte (ὥστε ἔσται πρὶν γενέσθαι). Materie nämlich nenne ich das, was jedem (werdenden) Ding als Erstes zugrunde liegt, woraus als immanentem (Bestandteil) etwas entsteht. Und wenn sie wiederum vergehen soll, so wird sie zu diesem letzten (Zustand) kommen (in dem sie schon ist), so daß sie schon vergangen sein wird, bevor sie vergehen könnte».

Die Stelle in *Metaph. III 4*, 999b 4-16, betrifft die Aporie zur Formursache, an der Aristoteles trotz der Ablehnung der platonischen Ideen festhält; denn «wenn es nichts außer dem Einzelnen gibt (verstanden als nur Materiellem), so wäre nichts intelligibel, sondern alles nur sinnlich wahrnehmbar, und es gäbe von nichts Wissenschaft... Ferner wäre auch nichts ewig oder unbeweglich; denn alles Sinnliche vergeht und ist in Bewegung. Gibt es aber nichts Ewiges, so ist es auch nicht möglich, daß es ein Werden gebe; denn es muß das Werdende und das, woraus es wird, schon etwas sein (εἶναί τι), und das Letzte muß unentstanden sein, wenn anders (der Rückgang zu dem Woraus) zum Stehen kommen muß, und nichts aus Nichtseiendem entstehen kann. Ferner, wo Werden und Bewegung ist, da muß auch eine Grenze sein; denn keine Bewegung ist unendlich, sondern jede hat ein Ziel; und es kann nichts werden, was unmöglich in das Geworden-sein übergehen kann; das Gewordene aber muß notwendigerweise sein (εἶναι), sobald es geworden ist. Ferner, wenn die Materie ist, weil sie unentstanden ist, so muß man mit weit mehr Grund annehmen, daß die Substanz (mit der Wesenheit) ist (εἶναι τὴν οὐσίαν), zu welcher jene wird; denn wenn weder die Substanz, noch die Materie sein soll, so würde überhaupt nichts sein. Ist dies aber unmöglich, so muß notwendig die Gestalt bzw. die Form außer dem Konkreten (verstanden als nur Materiellem) sein».

Wie die angeführten Stellen zeigen, können die konstitutiven Ursachen in den werdenden Naturdingen nicht wieder erst werden, sondern müssen schon sein. Darin liegt implizit auch ein Vorrang des Seins vor dem Werden überhaupt. Dieser kommt u.a. in *Phys. I 8* zum deutlichen Ausdruck, wo Aristoteles das Problem des Werdens der Dinge klärt, und zwar mit Kritik an der Ansicht Früherer, besonders der Eleaten, wonach es kein Werden (und auch keine Vielheit) gebe, weil das Seiende nicht zu werden brauche (denn es sei ja schon), und aus Nichtseiendem nichts werden könne. Demgegenüber lehrt Aristoteles: Das Werdende geht sowohl aus Seiendem, als auch aus Nichtseiendem hervor (191b 13 ff.)., beides aber nur in differenziertem Sinne verstanden. Zur Erklärung wird das Begriffspaar «Potenz» und «Akt» eingeführt. Das Werdende ist insofern schon Seiendes, als es aus schon Seiendem konstituiert ist. Nur in bezug auf das Ziel des Werdens ist es noch ein Nichtseiendes, verhält sich potentiell.

Thematisch wird freilich der Vorrang des Seins vor dem Werden erst in den *Metaphysica* behandelt, wo Aristoteles in *Buch IX, Kap. 8*, darlegt, daß der Akt (ἐνέργεια, Wirklichkeit) der Potenz (δύναμις, Möglichkeit) vorgeordnet ist, d.h. das aktuelle Sein dem potentiellen Sein und damit auch dem Werden, das vom potentiellen Sein her anfängt. Die Vorordnung ist, wie das Kapitel ausführt, eine dreifache: dem Begriffe nach, der Zeit nach (hier nur teilweise) und, worauf es uns ankommt, der Wesenheit nach (οὐσία). Die dritte wird mit dem wichtigen Argument begründet (1050a 4-5): «... weil das der Entstehung nach Spätere das der Form und der Wesenheit nach Frühere ist». Die Form bzw. Wesenheit ist nämlich zugleich das Ziel/Telos der Entstehung und macht als solches die eigentliche Wirklichkeit des entstehenden Naturdinges aus. Das Telos der Entstehung ist aber schon in ihrem Beginn vorweggenommen und liegt virtuell in der Zweckursache – zusammen mit der Form- und Bewegungsursache – des Entstehenden von Anfang an vor: «denn Prinzip ist das Worum-willen; um des Telos willen ist die Entstehung» (a 8). Also ist im Entstehenden schon von Anfang an etwas aktuell Seiendes, nämlich seine konstitutiven Ursachen.

b) Zur natürlichen Bewegung, sowie zu Raum und Zeit

Da der Gegenstand der aristotelischen *Physica* die mit Bewegung begabten Naturdinge sind, handeln sie von der Bewegung, in *Buch III 1-3*, und betrachten sie unter den zwei Aspekten von Potenz und Akt bzw. Entelechie (Vollendung). Die Untersuchung führt zu der bekannten Definition (201a 10-11): «Die Bewegung ist die Entelechie des potentiell Seienden als solchen». Hiernach ist die Bewegung der Übergang vom potentiell zum aktuell Seienden und ist in jedem Moment ihres Verlaufes nur «unvollendeter Akt» (201b 31-33).

Die Definition beruht auf einem Vorverständnis von Sein, genauer: von potentiellem und aktuellem Sein, und somit auf einer metaphysischen Voraussetzung. Tatsächlich «ist» ja die Bewegung etwas, wenn auch nur, wie gesagt, etwas unvollendet Seiendes.

Der Seinsaspekt kehrt analog in den Untersuchungen von *Phys. IV 1-5* u. *10-14* über Raum und Zeit wieder, die sich beide als Eigenschaften der bewegten Naturdinge erweisen und nur durch die Bewegung erkennbar sind. Was den Raum betrifft, so wird er an den bewegten Körpern erkannt, die sich im Raume bewegen, ist jedoch selbst nicht wieder bewegt – sonst müßte er sich wieder in einem Raume bewegen usf. –, sondern unbewegt: «Der Raum will unbewegt sein» (212a 20). Daher wird dann auch der Raum definiert als «erste, unbewegte Grenze des umfassenden (Körpers)», 212a 20-21. Der Seinsaspekt liegt schon in der einfachen Tatsache, daß so, wie die bewegten Körper etwas sind und im Raume sind, auch der Raum etwas «sein» muß.

Auch die Definition der Zeit, wonach diese «die Zahl der Bewegung gemäß dem Früher und Später ist», 219b 1-2, beruht auf einer analogen metaphysischen Seinsvoraussetzung, die mit dem Jetzt zusammenhängt. Wie sich die Zeit zur zählbaren, meßbaren Bewegung verhält, so das Jetzt zum Sein des Bewegten; «denn das Jetzt verhält sich wie das Bewegte, als Einheit der Zahl», 220a 4. Wenn man die Bewegung mit der Strecke vergleicht, so entspricht das Jetzt dem Teilungspunkt auf ihr. Das Jetzt ist nicht nur die Grenze von Früherem und Späterem, Vergangenem und Zukünftigem, sondern macht eine eigene unteilbare Einheit aus.

Die Jetzt-Grenze ist zwar einerseits im Zeitfluß immer wieder eine andere, sie erneuert sich sozusagen kontinuierlich, andererseits ist sie aber gerade deshalb wiederum etwas Beharrendes, Identisches. Darin liegt es auch, daß die vergangenen Jetzt-Punkte und die möglichen zukünftigen mit dem gegenwärtigen Jetzt verbunden bleiben, was ein Messen von Zeitspannen ermöglicht (vgl. 218a 8 – 222a 20). Als Grenze zwischen Vergangenem und Zukünftigem ist das Jetzt konstitutiv für die Kontinuität des Zeitflusses (220a 4 ff., 222a 10), ohne selbst etwas Kontinuierliches (Teilbares) zu sein: «Sofern es Grenze ist, ist das Jetzt nicht Zeit» (220a 21), auch kein Teil der Zeit (218a 6-8), sondern vielmehr Prinzip der Zeit.

c) Zum ersten, unbewegten Bewegungsprinzip

Die aristotelische «Physik» findet ihren Abschluß in einer Reihe von Beweisgängen, die von den bewegten Naturdingen, besonders den Lebewesen, aus zu einer ersten unbewegten Bewegungsursache aufsteigt. In ihr wird wieder eine metaphysische Voraussetzung sichtbar, von der schon die Beweisgänge, die zu ihr führen, getragen sind. So wird bereits von Anfang an vorausgesetzt, daß die Naturdinge Substanzen (οὐσίαι) sind, deren Werden bzw. Bewegung schon Seiendes vorhergeht, ferner, daß die Bewegung im Bewegten selbst einen unbewegten Aspekt enthält, und daß die Zeit ihr Prinzip im zeitlosen Jetzt hat.

Betrachten wir den ersten in der Reihe der Beweise, in *Phys. VIII 1*, auf dem die übrigen aufbauen, nämlich daß es eine ewige Bewegung gibt, die unentstanden und unvergänglich ist. Nach einleitenden Argumenten folgt das Hauptargument, das von der Zeit – als Eigenschaft der Bewegung bzw. des Bewegten – ausgeht und von der Ewigkeit der Zeit zur Ewigkeit der Bewegung führt. Die Ewigkeit der Zeit aber wird vom Jetzt her erschlossen.

> «Wenn es unmöglich ist, daß die Zeit ohne das Jetzt sei und intellektuell erfaßt werde, das Jetzt aber Mitte ist, die zugleich Anfang und Ende in sich schließt, nämlich den Anfang der zukünftigen Zeit und das Ende der vergangenen, dann muß die Zeit immer ein», 251b 19-23.

Man muß bei diesem Argument beachten, daß es die Ewigkeit der Zeit nicht durch ein unendliches Zurückschreiten zu immer noch Früherem erschließt bzw. durch ein unendliches Vorschreiten zu immer noch Späterem, sondern vielmehr aus der Natur des Jetzt, dem Grenzpunkt von Vergangenem und Zukünftigem. In ihm als in unteilbarer Einheit sind das Früher und Später immer und zu jeder Zeit verbunden und liegt das Sein der Zeit, von dem aus auf ihre Ewigkeit geschlossen wird. Das unvollendete Sein der Zeit und analogerweise der Bewegung kann sich gleichsam nicht anders aktualisieren als in der Form der Ewigkeit der Zeit bzw. der Bewegung, die in sich geschlossen ist und in der Kreisbewegung ihren Ausdruck findet. – Schon bei Platon findet sich der verwandte, schöne Gedanke, daß die Natur danach strebe, am Ewigen teilzuhaben und unsterblich zu sein, nämlich durch Fortpflanzung der Art. Der Gedanke klingt am Anfang von *Phys.-Buch VIII, Kap. 1*, 250b 13-15, nach, wenn hier die zu beweisende ewige Bewegung «wie ein unsterbliches Leben der Naturdinge» bezeichnet wird (vgl. *Kap. 6*, 259b 25-26).

Betrachtet man die übrigen Beweise, *VIII 3-6*, die zum unbewegten Beweger führen, so ergibt sich, daß sie alle von dem sog. «Kausalgesetz» getragen sind, wonach alles Bewegte eine Bewegungsursache erfordert. Sie versuchen dann im einzelnen zu zeigen, daß die aus allem Bewegten erschlossenen Bewegungsursachen von einer ersten, ewigen abhängen müssen. Daß es eine erste Bewegungsursache gibt, wird, *VIII 5*, 256a 4-21, durch das Argument erschlossen, daß die Reihe der Ursachen unmöglich ins Unendliche weitergehen könne. Angesichts der Kritik, die dieses Argument später besonders durch Kant erfahren hat, ist zu beachten, daß Aristoteles nicht an eine unendliche Reihe von bewegten Körpern denkt, von denen der je vorangehende dem je nachfolgenden seine Bewegung mitteilt, wie bei einer Reihe von Billardkugeln. Nach Aristoteles würde hier ohnehin keine Verursachung an sich stattfinden, sondern nur eine akzidentelle. Beim Philosophen besteht die fragliche Reihe der Ursachen nicht aus gleichartigen Gliedern in einem raumzeitlichen Nacheinander, sondern aus ungleichartigen, wie dies schon aus dem einfachen Beispiel, 256a 23-32, mit dem vom Stab bewegten Körper hervorgeht, der wieder von der Hand bewegt wird, und diese wieder von der Seele. So führt ein erster Beweisgang, 256a 4 ff., von den bewegten Körpern zu einem ersten Sich-selbst-Bewegenden, d.h. einem Lebewesen und weiter zu dem unbewegt-bewegenden seelischen Prinzip in ihm, 256b 3-24. Man vergleiche auch das Argument in *Metaph. II 2*, das von den letzten – den Dingen immanenten – Form-, Bewegungs-, Zweck- und Materieursachen zurückgeht auf eine erste Form-, Bewegungs-, Zweckursache und eine erste Materieursache, woraus sich ohne Schwierigkeit die Endlichkeit eines solchen Rückganges erweist (s. ferner die oben erwähnte Stelle in *Metaph. III 4*).

Es leuchtet ein, daß eine Reihe von ungleichartigen Ursachen, die nicht in zeitlicher Abfolge, sondern gleichzeitig einander zugeordnet sind, nur endlich viele sein können, da die Verschiedenheit nicht unendlich groß sein kann, und es in der Gleichzeitigkeit keine unendliche Vielheit gibt (256b 27 – 257a 27).

Das sog. Kausalgesetz beruht auf der metaphysischen Voraussetzung, wonach gilt: Bevor etwas werden oder bewegt werden kann, muß immer schon etwas sein, nämlich ein Bewegungsprinzip. Das Kausalgesetz führt vom Bewegten, Werdenden aus nicht nur zu einem zeitlich früheren Bewegt-Bewegenden, sondern auch zu einer seinsmäßig vorgeordneten Bewegungsursache, die «immer schon ist», auch gleichzeitig mit dem Bewegten, Werdenden, und somit sowohl sein Bewegungs-, als auch sein Seinsprinzip ist. Darauf weist auch der Text in *Metaph. IX 8*, der den Vorrang des Aktuellen vor dem Potentiellen darlegt (s.o.) und bei dem Vorrang der Wesenheit nach feststellt (1050b 2-6):

> «Auch hiernach ist offenbar, daß der Wesenheit nach die Aktualität den Vorrang hat vor der Potentialität, und immer geht eine Aktualität der anderen vorher bis zur Aktualität des immerfort ursprünglich Bewegenden».

Beachtlich ist, daß die Aktualität nicht nur vor der Potentialität den Vorrang hat (der teilweise auch ein zeitlicher ist), sondern auch eine Aktualität vor einer anderen, wobei es sich nur um einen seinsmäßigen handeln kann, und dieser führt zu einem immerfort, d.h. ewig bewegenden ersten Prinzip, der als reine Aktualität zugleich erstes Seinsprinzip ist.

Die erste, abgetrennte, göttliche Substanz, deren Wesenheit reiner Akt ist, erweist sich in *Metaph. XII 7* als das erste Seinsprinzip, «an dem der Himmel und die Natur hängen». In ihm enthüllt sich die metaphysische Voraussetzung der «Physik» in ihrer vollsten Bedeutung.

V) Zu Aristoteles' Lehre über die Seele des Menschen in *De anima*

1) Einführung in die Schrift *De anima*

Über die Seele haben schon die Vorsokratiker, Sokrates und Platon philosophiert, aber nur im Zusammenhang mit Fragen über die Natur, das moralische Gute, das Seiende u.a. Erst Aristoteles widmet der Seele eine eigene, systematische Untersuchung und begründet mit seiner Schrift *Über die Seele/De anima* die Psychologie als eigene philosophische Disziplin. Sie führt zu neuen Einsichten über die Seele, die über jene seiner Vorgänger hinausgehen. Unter diesem Gesichtspunkt soll im folgenden zunächst kurz der Inhalt der Schrift angegeben und dann seine Stellung in Aristoteles' Philosophie im ganzen betrachtet werden.

Hinsichtlich der reichen Literatur über Aristoteles' Schrift *De anima* sei auf das vorzügliche Standardwerk in Ueberweg: *Grundriß der Geschichte der Philosophie: Die Philosophie der Antike*, Band 3, verwiesen: Ältere Akademie, Aristoteles, Peripatos, hrsg. v. H. Flashar, Basel-Stuttgart 1983, mit seiner erschöpfenden Bibliographie zu Aristoteles, auch speziell zu *De anima* (277 ff., 315, 411 ff., 445 ff.)[42]

---

42 An Gesamtdarstellungen der aristotelischen Psychologie und Anthropologie sind erwähnenswert:
– E. Cassirer, *Aristoteles' Schrift «Von der Seele» und ihre Stellung innerhalb der aristotel. Philosophie* (Heidelb. Abh. z. Philos. u. ihrer Geschichte 24), Tübingen 1932.
– A.E. Chaignet, *Essai sur la psychologie d' Ar., contenant l'histoire de sa vie et de ses écrits*, Paris 1883.
– St.R.L. Clark, *Aristotle's Man. Speculations upon Aristotelian Anthropology*, Oxford 1963.
– J. de la Vaissière, *Eléments de psychologie expérimentale*, Paris 1927.
– A. Festugière, *Les méthodes de la définition de l'âme* (De an. I 1, 402a 10-27), in: Revue des sc. philos. et théol. 20, 1931, 83 ff.
– E.v. Ivanka, *Zur Problematik der aristotel. Seelenlehre*, in: Autour d' Aristote (offert à Mons. A. Mansion), Louvain 1955, 245 ff.
– H. Kurfess, *Zur Geschichte der Erklärung d. aristotel. Lehre vom sog. nous poietikós und pathetikós*, Diss. Tübingen 1911.
– R. Mondolfo, *L'unité du sujet dans la gnoséologie d'Aristote*, in: Revue Philos. 143, 1953, 359 ff.
– F. Nuyens, *L'évolution de la psychologie d'Aristote*, Louvain 1948.
– B. Ritter, *Die Grundprinzipien der aristot. Seelenlehre*, Diss. Jena 1880.
– R. Schneider, *Seele und Sein, Ontologie bei Augustinus und Aristoteles*, Stuttgart 1957.
– E.E. Spicer, *Aristotle's Conception of the Soul*, London 1934.
– W. Theiler, *Zur Geschichte der teleologischen Naturbetrachtung bis auf Aristoteles*, Diss. Basel 1924, Zürich 1925, 21965.
– W. Wili, *Die Probleme der arist. Seelenlehre*, in: Eranos Jahrb. 12, 1945, 35 ff.

Von den zahlreichen Abhandlungen über die aristotelische Lehre der Vernunft-Erkenntnis wenden wir den folgenden unsere besondere Aufmerksamkeit zu:

Fr. Brentano, *Die Psychologie des Aristoteles*, insbesondere seine Lehre vom νοῦς παθητικός, Mainz 1867.

M. de Corte, *La doctrine de l'intelligence chez Aristote*, Paris 1934.

O. Hamelin, *La théorie de l'intellect d'après Aristote et ses commentateurs*, publ. par E. Barbotin, Paris 1953.

Der Autor darf hier auch auf eigene Studien verweisen, auf die er sich in den vorliegenden Untersuchungen stützt:

- *Der Begriff des Intellekts* (νοῦς) *bei Aristoteles im Zusammenhang seiner Hauptschriften*, Meisenheim 1971 (Monographien zur philos. Forschung, Bd. 80).
- *Bemerkungen zu G.W.F. Hegels Interpretation von Aristoteles' De anima III 4-5 u. Metaphysica XII 7 u. 9*, in: Perspektiven der Philosophie. Neues Jahrbuch (12) 1986, 209-236.
- *Bemerkungen zur Interpretation des Thomas v. Aquin von Aristoteles' De anima III 5*, in: Littera, sensus, sententia (Festschr. Van Steenkiste), Milano 1991, 555-571.[43]

a) Kurze Inhaltsübersicht

Aristoteles' Schrift *De anima* beginnt in *Buch I (Kap. 1)* mit methodologischen Überlegungen über den Gegenstand, das Vorgehen und die Hauptprobleme der neu einzuführenden Disziplin (worauf unten näher einzugehen ist) und geht nach der auch in den anderen Hauptschriften befolgten, wissenschaftlichen Methode vor, nämlich zuerst die von den früheren Philosophen überkommenen Ansichten kritisch zu prüfen, bevor er zur Aufstellung seiner eigenen Lehre kommt *(Kap. 2-5)*.

---

43 Gelegentlich beziehen sich die Erörterungen von Detailfragen unten im Text auf meine Aristoteles-Abhandlungen und -Ausgaben:
- *Der Begriff des Intellekts* (νοῦς) *bei Aristoteles im Zusammenhang seiner Hauptschriften*, Meisenheim 1971 (Monograph. z. Philos. Forschg. 80).
- *Aristoteles' Metaphysik I-VI*, mit Einleitung und Kommentar, Neubearbeitung der Übersetzung von H. Bonitz, Hamburg 1978, ²1982, ³1989 (Meiners Philos. Bibl. 307).
- *Aristoteles' Metaphysik VII-XIV*, mit Einleitung und Kommentar, Neubearbeitung d. Übers. von H. Bonitz, Hamburg 1980, ²1984, ³1991 (Meiners Philos. Bibl. 308).
- *Aristoteles' Zweite Analytiken*, Amsterdam-Würzburg, 1984, ²1987 (Elementa-Texte Bd.1).
- *Beiträge zu Aristoteles' Erkenntnislehre und Metaphysik*, Amsterdam-Würzburg 1984 (Elementa Bd.35).

Zwei Merkmale der Seele haben die früheren Philosophen besonders in Betracht gezogen, wonach sie Ursache der Ortsbewegung und der Wahrnehmung ist. Um diese erklären zu können, bestimmten sie in entsprechender Weise das Wesen der Seele, und zwar im Zusammenhang mit dem Wesen der Prinzipien der Dinge; denn die Bewegung der Naturdinge führten sie auf die Bewegung ihrer Prinzipien oder materiellen Elemente zurück, so daß die Seele aus den feinsten Elementen bestehen mußte, die in intensiver Eigenbewegung sind, z.B. nach Demokrit aus den Feueratomen. Die Wahrnehmung der Dinge aber war für die Vorsokratiker nur dadurch möglich, daß mit ihnen die Seele etwas Verwandtes besaß, d.h. daß sie aus denselben Elementen bestand wie die Dinge.

Aristoteles übt hieran Kritik: Die Seele muß als Bewegungsursache für den Körper nicht selbst wieder in Bewegung, d.h. materiell sein. Auch muß sie, um die Sinnesqualitäten der Dinge wahrnehmen zu können, nicht selber diese Qualitäten besitzen, was sonst in viele absurde Folgerungen führt. Am ehesten stimmt Aristoteles Anaxagoras' Lehre zu, nach der die Kosmos-Vernunft unvermischt mit den Elementen der zusammengesetzten Naturdinge ist und alle in ihre nunmehr bestehende Ordnung (Kosmos) gebracht hat. Doch erklärt sie nicht näher, wie dies zu denken sei.

Überhaupt bleibt es für unseren Philosophen unbefriedigend, das Wesen der Seele nur von den zwei genannten Vermögen her, der Ortsbewegung und der Wahrnehmung, zu bestimmen, ohne auch anderen Vermögen Rechnung zu tragen, so z.B. dem Nährvermögen, dem Strebevermögen. Ferner geht es nicht an, die Erkenntnis nur auf die Wahrnehmung zu beschränken und von ihr die Vernunfterkenntnis nicht wesentlich zu unterscheiden. Überhaupt ist es unhaltbar, die Seele als eine Eigenschaft des Körpers bzw. der materiellen Elemente (aus denen er besteht) zu betrachten, etwa (wie die Pythagoreer) als Harmonie des Körpers oder (wie Platoniker) als Zahlenverhältnis des Körpers oder gar als «sich selbst bewegende Zahl».

In *Buch II* kommt Aristoteles zu seiner eigenen Lehre über die Seele und klärt zunächst mit Hilfe seiner Kategorieneinteilung, daß sie keine Eigenschaft des Körpers ist, sondern Substanz; denn wie das ganze Lebewesen Substanz ist, so müssen es auch seine Teilursachen sein, Leib und Seele, wobei der Leib die Materie- und die Seele die Form-Bewegungs-Zweck-Ursache ist. Die Definition der Seele als Formursache des Leibes, der potentiell Leben hat, wird bestätigt aus der ursächlichen Sicht der Naturphilosophie, welche die Lebensfunktionen bei Pflanzen, Tieren und Menschen – Nahrungsassimilation, Zeugung, Wahrnehmung und Denken – im organischen Leib betrachtet und daraus notwendig auf eine Lebens- als Formursache schließt, und d.h. auf die Seele (*Kap. 1-2*). Den genannten drei Lebensfunktionen entsprechen in der Seele drei Lebensprinzipien, von denen das niedrigere jeweils dem höheren (wie das Potentielle dem Aktuellen) untergeordnet ist (*Kap. 3*).

Es folgen (teilweise empirische) Untersuchungen über das Nähr- *(Kap. 4*) und die Sinnesvermögen (*Kap. 5-12*), die jeweils zu ihren Definitionen führen. Den Untersuchungen über die Einzelsinne gehen allgemeine Überlegungen über die Sinneswahrnehmung voran (*Kap. 5-6*), welche dieses als ein «Erleiden» von nicht mehr physischer, sondern psychischer Art bestimmen; denn es führt nicht zur Umwandlung und Aufhebung des Vermögens, sondern vielmehr zu seiner Bewahrung und Vervollkommnung, indem es von einer ersten Aktualität (seines eigenen Seins) zu einer zweiten (der Wahrnehmungsakte) übergeht. Damit wird der Materialismus der Vorsokratiker überwunden; denn was für sie die Wahrnehmung war, nämlich das materielle Beeindruckt-werden des Sinnesorganes durch den Körper (die Elemente) des Wahrnehmungsobjekts, wird jetzt für Aristoteles zum sinnesphysiologischen Vorgang im Organ als materieller Grundlage für die Wahrnehmung als Akt eines nicht mehr materiellen Sinnesvermögens, das vom Objekt die Sinnesqualitäten als Formen ohne seine Materie aufnimmt (und in sich reaktualisiert).

Ferner wird zwischen den sinnlichen Formen der Objekte unterschieden, sofern sie die der Einzelsinne sind – Farbe, Ton, Geruch, Geschmack, Tastqualitäten – und solchen, die mit keinem Einzelsinnn mehr, sondern mit ihnen gemeinsam wahrgenommen werden: Bewegung, Ruhe, Zahl, Gestalt (Figur), Größe. Ihnen ordnet dann Aristoteles (s.u. *III 1*) einen «gemeinsamen Sinn» zu.

Die Untersuchungen zu den einzelnen Sinnesvermögen: Gesicht, Gehör, Geruchs-, Geschmacks- und Tastsinn, gehen nach dem methodologischen Prinzip vor, die Sinnesvermögen aus ihren Tätigkeiten zu bestimmen, und diese aus ihren spezifischen Sinnesobjekten. Sie erfolgen auf den zwei Ebenen, der psychologischen Akte und der sinnesphysiologischen Vorgänge zwischen der Materie des Objekts und dem Sinnesorgan. Besondere Beachtung finden die Medien zwischen beiden, vor allem Luft und Wasser. Beim Gesichtssinn ist das Medium alles Durchsichtige, das im Gegensatz zum farbigen Objekt farblos ist. Sein aktuelles Sein ist vielmehr das Licht. Beim Gehörsinn ist das Medium die Luft (in minderem Maße auch das Wasser). Luft ist daher auch im Gehörsorgan eingeschlossen, beim Geschmack das Feuchte, das Geschmacksqualitäten übermittelt (der Saft), beim Geruchssinn Luft. Beim Tastsinn ist das Medium, wie die Untersuchung ergibt, das Fleisch. Jeder der fünf Sinne nimmt die qualitativen Formen: Farbe, Ton, Geruch, Geschmack und Tastqualitäten (Warmes – Kaltes, Feuchtes – Trockenes, usw.) ohne die Materie auf. Diese Formen nennt Aristoteles auch rationale (d.h. von der Vernunft erkennbare) Verhältnisse; sie sind Mischungsverhältnisse, welche die Mitte zwischen extremen Qualitäten halten. Extreme Eindrücke würden das Organ und mit ihm auch den Wahrnehmungssinn zerstören.

Das *Buch III* untersucht, bevor es das Vernunftvermögen bestimmt, den Gemeinsinn und die Vorstellung, die von den Sinnesvermögen zum Vernunftvermögen hin vermitteln. Es beginnt zuerst mit dem Nachweis, daß es nicht mehr als die fünf genannten Einzelsinne gibt (*Kap. 1*). Dann führt die Erörterung über die Selbstwahrnehmung der Sinnestätigkeiten, die keine Wahrnehmung eines spezifischen Objekts mehr ist, zum Gemeinsinn, der über die Leistung der fünf Einzelsinne hinausgeht (*Kap. 2*) und auch die den spezifischen Objekten gemeinsamen, sinnlichen Merkmale erfaßt. Die Vorstellung wird als eine in der Seele weiterdauernde Bewegung aus der Sinneswahrnehmung definiert und von den anderen Erkenntnisvermögen abgegrenzt (*Kap. 3*).

Das Vernunftvermögen wird (*Kap. 4*), in Analogie zum Sinnesvermögen, bestimmt, wobei das Gemeinsame und das Verschiedene hervortritt. Gemeinsam ist beiden, daß sie als seelische Vermögen (im Vergleich zum physischen Erleiden) leidensunfähig sind, d.h. daß ihre erste Erfassung des Objekts zwar rezeptiv und ein «Erleiden» ist, aber von nicht materieller, uneigentlicher Art. Dies gilt (mit Einschränkungen) schon von der Sinneswahrnehmung und a fortiori von der Vernunft. So wird die Vernunft einfach so definiert, «vermögend zu sein», alles zu erkennen, und aus dieser Möglichkeit dann in aktuelle Erkenntnisse des einzelnen überzugehen. Was früher Anaxagoras nur angedeutet hat, nämlich daß die Kosmos-Vernunft «leidensunfähig» ist und «unvermischt» (mit dem Körper, bzw. mit den Elementen), findet nun seine volle Erklärung (die über Anaxagoras' noch materielle Auffassung von der Vernunft hinausgeht). Die Vernunft unterscheidet sich aber vom Sinnesvermögen dadurch, daß dieses an körperliche Organe gebunden ist und mit ihm bei überstarker Sinneseinwirkung (von seiten des Objekts) zerstört wird, während die Vernunft ohne Körperorgan tätig ist und vom intelligiblen Objekt gestärkt wird, je stärker es einwirkt.

Die erfahrbaren Dinge (z.B. Wasser, Fleisch) sind für die Vernunft (als das Subjekt) Erkenntnisobjekte zunächst als Sinnliches, Akzidentelles, sodann als Intelligibles, Wesentliches. Entsprechend verhält sich die Vernunft auf zweifache Weise zu ihnen: zunächst in einem (bildlich gesprochen) «gebrochenen» Verhältnis mittels der Sinneswahrnehmungen, sodann in dem direkten Verhältnis der Wesenserkenntnis.

Anknüpfend an die zwei anaxagoreischen Merkmale der Vernunft als leidlose und unvermischte erörtert Aristoteles wichtige Aporien, die das

Verhältnis der Vernunft zu den materiellen Dingen und sich selbst betrifft: 1. wie sie als leidensunfähige etwas von den Dingen erkennen könne, wenn doch das Erkennen ein «Erleiden» ist, 2. wie sie sich selbst erkennen könne, wenn doch alles Erkennbare etwas Gemeinsames haben muß, und die Vernunft (als unvermischte) mit den Dingen nichts gemeinsam hat, und 3. wie die Vernunft immer tätig sein könne, da sie nicht immer Erkenntnisse vollzieht (und doch als leidensunfähige und unvermischte immer tätig sein müßte). Die Aporien (die sich aus dem noch materialistischen, vorsokratischen Standpunkt ergeben) löst Aristoteles so auf: 1. Das «Erleiden» ist ein uneigentliches, nämlich der Übergang von einem ersten (habituellen) Akt, in dem sich die Vernunft als Vermögen schon befindet, zu zweiten Akten, den Erkenntnisakten. Dabei nimmt sie von den Dingen die intelligiblen Formen ohne deren Materie auf, wie eine Schreibtafel, auf der noch nichts aktuell geschrieben stand. 2. Dabei erkennt die Vernunft auch sich selbst in ihrer intelligiblen Form, die gerade darin besteht, «Form der Formen» (nämlich aller intelligiblen Formen von seiten der Dinge) zu sein. Das Gemeinsame der Dinge und der Vernunft, wonach beide Erkennbares sind, ist dies, daß beide intelligibel sind (eine intelligible Form haben).

Die Lösung der 3. Aporie führt zu einem naturphilosophischen – besser: metaphysischen und anthropologischen – Gesichtspunkt (*Kap. 5*), wonach die alles zu erkennen vermögende Vernunft in sich ein aktives Vermögen ist, von wesentlich substantieller Natur. Zu aktuellen (wissenschaftlichen) Erkenntnissen verhält sie sich zwar zunächst potentiell, befindet sich aber schon in einer aktiven Haltung, vergleichbar dem Licht bei der Gesichtswahrnehmung, und ist somit schon wesensmäßig aktuelle Substanz.

Diese metaphysisch-anthropologische Aussage ist von großer Bedeutung. Sie wird in Analogie der rationalen Seele des Menschen mit allem natürlichen Seienden gewonnen. Man beachte den Anfang des Kapitels: «Wie in der gesamten Natur...» Sie wirkt sich in Aristoteles' Metaphysik dahin aus, daß die erste, «abgetrennte» (transzendente), immaterielle Ursache, «an der die gesamte Natur hängt» (s. *Metaphysica, Buch XII, Kap. 6-7*), nach Analogie zur menschlichen Vernunftseele als Substanz bestimmt wird und als «Prinzip, dessen Wesenheit sein (Seins-)Akt ist».

Der Vergleich mit dem Licht besagt, daß die Vernunft an sich zwar nicht immer in Erkenntnisakten, d.h. in zweiten Akten ist, wohl aber schon habituell in einem ersten Akt; denn auch das Licht ist keines der aktuell wahrnehmbaren Farben, sondern in einem ersten Akt, dem aktuellen Durchsichtig-sein des transparenten Mediums, zu dem die darin sichtbaren Farben als zweite Akte hinzukommen. Wie nun das Licht in seinem ersten Akt das Sichtbar-werden der Farben im Medium bewirkt, so die Vernunft das Intelligibel-werden der intelligiblen Inhalte, die potentiell in dem liegen, was die Dinge durch die Sinneswahrnehmungen hindurch darbieten. Insofern ist die Vernunft immer tätig, was zur Lösung der 3. Aporie führt. Sie betrifft die Tätigkeit der Abstraktion, womit die Vernunft aus dem sinnlich Gegebenen, genauer: aus den Phantasmen, das Intelligible abstrahiert und sich so den Gegenstand der eigenen Vernunfterkenntnis zubereitet.

Analog zu den Naturdingen wird für diese aktive Vernunft eine passive Vernunft als komplementäre, materiale Ursache erschlossen, die der tätigen gleichsam als ihr Organ dient, das die Inhalte aufnimmt, an denen die aktive Vernunft tätig ist. Diese kann das Intelligible nicht ohne Verbindung mit der passiven Vernunft gewinnen (die zur Sinneswahrnehmung hin vermittelt) und sich der mit ihr vollzogenen Erkenntnisse erinnern. Doch ist die passive Vernunft vergänglich (zusammen mit der Sinneswahrnehmung), so daß nach dem Tode nur die aktive Vernunft «abgetrennt» für sich weiter besteht und tätig ist, aber dann ohne Erinnerung (an frühere mit der passiven Vernunft vollzogene Erkenntnisse).

Es folgen Ergänzungen zur Vernunft-Erkenntnis (*Kap. 6-7*), die sich aus dem Vergleich zur Sinneswahrnehmung ergeben. So wird zwischen diskursiver und intuitiver Vernunft-Erkenntnis unterschieden, wobei letztere analog der Sinneswahrnehmung einfache Gegebenheiten erfaßt. Dem entspricht sprachlich das einfache Sagen. Dagegen verbindet oder trennt das diskursive Denken die erfaßten Gegebenheiten und drückt dies in bejahender oder verneinender Aussage aus. Das Teilbare erfaßt die Vernunft in einem einheitlichen Akt, sofern es als noch nicht aktuell geteilt betrachtet wird. Auch bei der Sinneswahrnehmung gibt es ein einheitliches Erfassen der verschiedenen Sinnesqualitäten (sei es derselben Art oder unterschiedlicher Arten), und zwar durch den «gemeinsamen Sinn». Die intelligiblen Inhalte gewinnt die Vernunft aus den Vorstellungsbildern (Phantasmen). Sie sind für die Vernunfterkenntnis gleichsam der Ausgangsgegenstand, wie für die Sinneswahrnehmung die Sinnesdinge.

Zusammenfassend gesehen (*Kap. 8*), läßt sich sagen, daß «die Seele gewissermaßen alles ist»; denn sie wird in der Erkenntnis mit den Dingen identisch, und zwar ihren erkennbaren Formen nach, ohne die Materie. Als sinnliche Formen werden sie von den Wahrnehmungssinnen erfaßt, als intelligible von der Vernunft. Die intelligiblen Formen sind potentiell in den sinnlichen enthalten. Die Vernunft gelangt zu ihnen (im Wege der Abstraktion) durch Vermittlung der Vorstellungen.

Ferner wird die Frage geklärt (*Kap. 8-9*), wie die Seele Ursache der Ortsbewegung ist. Die Vorsokratiker betrachteten sie als ein Wesensmerkmal der Seele. Es zeigt sich jedoch, daß der Ortsbewegung kein einfaches

Vermögen entspricht, sondern daß sie aus der Verbindung zweier Vermögen hervorgeht, nämlich des strebenden und des erkennenden Vermögens. Dies sind Trieb und Wahrnehmung, beim Menschen besonders Wille und Vernunft.

Zum Schluß (*Kap. 11-13*) bestätigt eine Reihe von Erörterungen die (oben II 2 festgestellte) Rangordnung der seelischen Vermögen, angefangen vom untersten, dem Nährvermögen, zu den Sinnesvermögen – von denen wiederum der Tastsinn der unterste ist – und weiter bis zum Vernunftvermögen, wobei das je niedrigere fundamentaler, d.h. unentbehrlich für das je höhere ist und auch ohne dieses bestehen kann, aber nicht umgekehrt das höhere ohne das niedrigere.

b) Die Stellung der Schrift innerhalb der Naturphilosophie

Wir wollen nun noch einmal auf den Anfang (*Kap. 1*) der Schrift zurückkommen, da er uns über ihre Stellung in Aristoteles' Naturphilosophie Aufschluß gibt. Aristoteles hebt in den sehr schönen Eingangssätzen den hohen Rang der Untersuchung über die Seele im Vergleich zu den anderen Untersuchungen über die Natur hervor. Sie wird als theoretische Wissenschaft eingeführt, wie die gewählten Ausdrücke τὴν εἴδησιν 402a 1, πρὸς ἀλήθειαν ἅπασαν ἡ γνῶσις a 5, θεωρῆσαι καὶ γνῶναι a 7, anzeigen, welche alle die höchste Stufe der Vernunfterkennntnis bedeuten. Nach der umfassenden Einteilung der von Vernunft geleiteten Tätigkeiten des Menschen in theoretische, praktische und hervorbringende, gehören die Mathematik, die «Physik» (d.h. Naturphilosophie) und die «Erste Philosophie» (Ontologie bzw. Metaphysik, nach späterer Benennung) zu den theoretischen Tätigkeiten. Die Physik untersucht die Naturdinge als theoretische Disziplin, verschieden von der praktischen und hervorbringenden, die sich mit dem menschlichen Handeln, sowie mit Technik und Kunst befassen. Sie unterscheidet sich aber auch von der Metaphysik dadurch, daß diese alle Dinge unter dem umfassenden Aspekt betrachtet, sofern sie schlechthin sind, während die Physik die Naturdinge unter dem Aspekt ihrer eigenen Bewegung, des Entstehens und Vergehens, der Veränderung, betrachtet.

Die philosophische Disziplin über die Seele ist der Physik zugeordnet, welche von der gesamten Natur handelt, weil die Seele das Naturprinzip ist, und zwar auf den verschiedenen Stufen: der Pflanzen, Tiere und Menschen. Sie ist jeweils die Ursache des Lebens auf allen Stufen. Die Untersuchung schließt von den Lebensfunktionen alles Lebendigen auf die entsprechenden seelischen Vermögen zurück. Dabei kommt sie zu einem wichtigen Ergebnis, daß die Seele als Lebensursache der Lebewesen nicht mehr wie diese bewegt und materiell ist, sondern selber unbewegt und immateriell. Daher steht diese Disziplin an der Spitze der Naturphilosophie, der Physik, und schließt sie ab.

An sie knüpft dann direkt die Metaphysik an. In ihr erweist sich die Seele als immanente Seins- bzw. Formursache. Von der Vernunftseele des Menschen werden wichtige Analogien zur ersten transzendenten Seinsursache (Gott) gezogen, die wesensmäßig reiner Akt ist, ohne Materie und Potentialität. Sie ist Zweckursache «im Unbewegten» und «bewegt wie ein Geliebtes» (*Metaphys. XII 7*). Die Analogie ist hier die zur menschlichen Vernunftseele, die von ihren Objekten, dem Erstrebten, «Geliebten» (ex distantia), als dem «ersten Bewegenden» bewegt wird (*De an. III 10*). Der Naturforscher aber muß die Dinge in ihrer Bewegung und Veränderung untersuchen. Er betrachtet die Seele weniger als Form- oder Seinsursache, sondern vielmehr als Bewegungs- und Zweckursache, in Verbindung mit den Körpern der Lebewesen, an denen sich Bewegung und Veränderung vollziehen. Die tierkundlichen Untersuchungen der Naturphilosophie haben ja als Gegenstand alles Lebendige als «Zusammengesetztes» aus Körper und Seele.

Mit der Untersuchung über die Seele betrat Aristoteles weitgehend Neuland. Es war eine «Erkundung» in der eigentlichen Bedeutung des Wortes «Historia» (τὴν περὶ τῆς ψυχῆς ἱστορίαν 402a 3-4), das er hier bezeichnenderweise verwendet. Die Eingangsaporien unserer Schrift mußten nicht nur erst den Gegenstandsbereich abgrenzen, sondern auch die geeignete Methode für die Erschließung des Beobachtungsmaterials finden sowie die Aufgabe des Naturphilosophen definieren, die nach Aristoteles dann darin liegen mußte, die komplexen Naturdinge in ihrer Zusammensetzung aus Materie- und Formursachen zu betrachten.

2) Zu Aristoteles' Psychologie und seiner Definition der Seele als Form des Leibes

Aristoteles' Untersuchungen über die Seele gehen weit über die anfänglichen Versuche der Vorsokratiker hinaus, die noch materiellen Vorstellungen verhaftet waren, und gelangt, wie auch schon Platon, zu einer immateriellen Auffassung der Seele, die unanschaulich ist und nur aus den Tätigkeiten der seelischen Vermögen, besonders der Vernunft, erschlossen ist.

Wenn Kant (*Kritik der reinen Vernunft, Paralogismus-Kapitel*) hinsichtlich der traditionellen, rationalen Psychologie feststellt, daß sie fälschlich einen abstrakten Seelenbegriff hypostasiere und dabei einem unbemerkten Einfluß der sinnlichen Anschauung erliege, so trifft dies sicherlich nicht auf die aristotelische und thomistische Tradition zu. Übrigens auch nicht auf

Augustinus, der z.B. in *De trinitate IX-X* darlegt, daß uns die Seele unanschaulich gegenwärtig ist, und wir von ihrem substantiellen Sein wissen.

Aristoteles gelangt zu der weiteren Einsicht, daß die Seele als Bewegungsprinzip selber unbewegt sein muß , die auch über Platon hinausgeht, der die Seele noch als das Sich-selbst-Bewegende definierte (s. *Phaedrus, Leges X*). Aristoteles korrigiert dies mit Recht, da als das Sich-selbst-Bewegende das Lebewesen definiert ist (vgl. *Physica VIII*).

Aus der aristotelischen Psychologie sei hier ein kostbares Lehrstück erwähnt, das die Vernunft in einer wichtigen Doppelstellung zeigt: Einerseits ist sie das oberste Vermögen in der Seele des Menschen und insofern sein oberstes Lebensprinzip, nach welchem auch die ganze Seele Vernunftseele heißt. Sie erscheint somit, wie der Mensch selbst als Lebewesen, in die gesamte Natur integriert. Andererseits aber übersteigt sie wesentlich die Natur, wie auch der Mensch als vernunftbegabtes Lebewesen sich vor allen anderen auszeichnet und sie unendlich übersteigt. Die Vernunft gehört zur Natur des Menschen in der Weise, daß zur Sinnes- die Vernunftnatur hinzukommt, wobei die vernünftige Natur mit der sinnlichen nur etwas analog gemeinsam hat, bei wesentlicher Verschiedenheit. Ferner gilt, daß die Sinnesnatur durch ihre Hinordnung auf die Vernunft eine spezifisch menschliche ist, so daß sie auch mit der Sinnesnatur der Tiere nur etwas analog gemeinsam hat, bei wesentlicher Verschiedenheit. (Daher ist auch der menschliche Leib vom tierischen wesentlich verschieden und hat nur etwas analog mit ihm gemein.)

In *De generatione animalium* (736b 21 ff.) gelangt der Stagirite zu dem Schluß, daß das Vernunftprinzip in die Sinnesseele des menschlichen Embryos «von außen hinzu hereinkommt». Der treffliche Ausdruck zeigt wieder die zwei Seiten der menschlichen Vernunft an: ihre transzendente Herkunft und ihr Eintritt in die natürliche embryonale Entwicklung, d.h. ihre Integration in die gesamtmenschliche Wesensnatur.

Eine andere bedeutsame Stelle findet sich in *Politica VII* (1334b 15), die aussagt, daß die «Vernunft der Zweck der Natur» ist. Dies darf nicht naturalistisch mißverstanden werden, als ob im Menschen die Vernunft die zweckvolle Naturursache wäre. Vielmehr ist die Vernunft der Zweck des immanenten Naturzweckes: Er übersteigt als höherer Zweck (des Menschseins) den Naturzweck, der sich im Lebewesen-sein erschöpft, und vollendet ihn zugleich; denn im Menschsein findet auch das Lebewesen-sein seine höhere Vollendung.

Dazu muß man sich der aristotelischen Unterscheidung in einen zweifachen Zweck erinnern, 1. den immanenten Naturzweck «im Bewegten» und 2. den transzendenten Zweck «im Unbewegten». Der erste Zweck ist das

«Worumwillen», das die organische Entwicklung der lebenden Wesen zur ihr gemäßen Artform leitet. Der zweite Zweck ist das «Wofür», auf das alles Lebendige, sofern in seiner Entwicklung vollendet, hingeordnet ist. Die Vernunft des Menschen ist Zweck im zweiten Sinne für sein Lebewesensein, wie analog die erste Seinsursache (Gott) das Wofür alles Lebendigen ist.

Die Definition der Seele in *De anima II 1-2* ist in die Tradition mit der kurzen Formulierung eingegangen, daß die Seele «die Form des Leibes» ist, und war dadurch bald Mißverständnissen ausgesetzt, so besonders diesem, daß sie die organische Form ist, in der sich der Leib befindet. Daß dies nicht Aristoteles' Auffassung sein konnte, ist klar; denn sie kommt tatsächlich auf vorsokratische Ansichten von der Seele als Harmonie des Leibes zurück, oder als Mischungsverhältnis der Elemente u.ä. Hiernach wäre die Seele nur eine Eigenschaft des Leibes, was unser Philosoph ausdrücklich als unhaltbar abgewiesen hat. Nach seiner Definition gehört die Seele zur Substanz-Kategorie, so daß sie Form als substantielle Formursache ist, die sich mit dem Leib als der substantiellen Materieursache zur komplexen Einheit des Menschen verbindet. Die organische Form des Leibes ist die Wirkung jener Formursache und darf mit ihr nicht verwechselt werden.

Die aristotelische Definition der Seele als Form(ursache) des organischen Leibes, der potentiell Leben hat, gibt noch zu einem anderen Mißverständnis Anlaß: Sie scheint mit der Angabe des organischen Leibes schon die Seele, die den Organismus geformt haben muß, vorauszusetzen, also eine petitio principii zu begehen, d.h. das Zu-Definierende schon vorwegzunehmen. Die Seele müßte demnach als Form eines Körpers definiert werden, der noch kein Organismus ist. Doch leuchtet sogleich ein, daß dies falsch ist; denn die Seele ist eben Formursache nicht eines anorganischen Körpers, sondern des organischen Leibes. Die Seele formt sich den Leib als das «Organ», Instrument, ihrer Lebensfunktionen und der Tätigkeiten ihrer verschiedenen Vermögen, kann diese aber erst voll ausüben, wenn sie den Leib aufgebaut hat. Daher ist die Seele erst vom organischen Leib die Form-, Bewegungs- und Zweckursache des Leibes in vollem Sinne, was die Definition genau zum Ausdruck bringt. Auf diese Weise löst sich die bezeichnete Schwierigkeit auf.

3) Zu Aristoteles' Erkenntnislehre: Sinnes- und Vernunftvermögen

Die Schrift *De anima* enthält wichtige erkenntnistheoretische Aussagen, von denen hier wenigstens die folgenden hervorgehoben werden sollen:

a) Der Erkenntnisvollzug, nicht nur der Vernunft, sondern auch schon der Sinne, ist ein immaterieller, in der Seele, kein materieller, wenn auch die

Sinneswahrnehmungen eine materielle Grundlage in ihren Körperorganen haben, die durch Medien mit dem materiellen Objekt in Verbindung stehen.

b) Die Sinnes- wie die Vernunfterkenntnis ist in ihrem Grundvollzug ein «Erleiden», d.h. rezeptiv. Sie wird vom Objekt bestimmt, informiert, das formale Merkmale, Sinnliches und Intelligibles, enthält.

c) Sinne und Vernunft, die vom Objekt beeindruckt (informiert) werden, verhalten sich aber dabei nicht rein passiv, sondern sind aktiv. Sie verwandeln sich das Objekt an, nehmen es in sinnlichen und intelligblen Formen auf, die das Objekt dann in der Seele repräsentieren und auf die erkennbaren Gehalte im realen Objekt selbst verweisen.

Diese realistische Erkenntnistheorie ist sehr schön in *De interpretatione* dargelegt, wo das *Kap. 1* vom Erkenntnisgehalt in der Seele als einem «Gleichnis» des Gehaltes im Ding spricht und weiter den sprachlichen Ausdruck als Symbol für den Gehalt in der Seele bezeichnet. Dem Begriff des Gleichnisses (d.h. der gleichen Repräsentation) entspricht in *De anima* der Begriff der «Angleichung» des Subjekts an das Objekt, sofern das Erkenntnisvermögen zunächst das Objekt (seiner Form nach) nur in Möglichkeit ist, um es dann in Wirklichkeit zu sein, d.h. an es «angeglichen» zu sein.

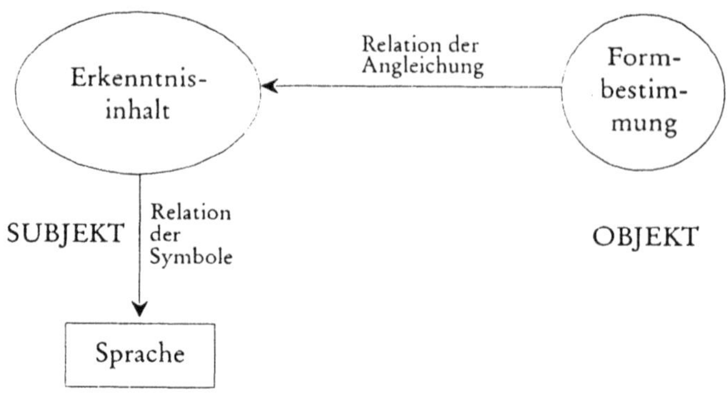

Die Sinneserkenntnis, mit den Erinnerungen, Vorstellungen und sinnesverbundenen Erfahrungen sind eine unentbehrliche Grundlage für die Erkenntnisse der Vernunft, die nur durch sie hindurch per Abstraktion die intelligiblen Erkenntnisgehalte aus den Dingen gewinnt.

Es ist jedoch ein Fehler des Empirismus, daraus die Folgerung zu ziehen, daß die menschliche Erkenntnis auf die Welt der sinnlichen Erscheinungen beschränkt sei und selber nicht weiter reiche, als die sinnlichen Erfahrungen gehen. Vielmehr sind die Dinge mehr als nur ihre sinnlichen Erscheinungen; sie enthalten intelligible Merkmale, welche die Vernunft aus ihnen (durch die Sinneserkenntnis hindurch) gewinnen (abstrahieren) und einsehen kann. So ist bereits ihr Seinsakt, mit dem sie da sind, intelligibel. Ferner vermag die Vernunft ihrer eigenen Tätigkeit (wenn sie an den Objekten tätig ist) und ihres eigenen Seins bewußt zu werden sowie sich selbst als Ursache der Erkenntnisakte zu erfassen (vgl. *Ethica Nicom. IX 9*).

d) Die Sinneserkenntnis ist für die der Vernunft unentbehrliche Grundlage, aber als solche der Vernunft eben auch untergeordnet und verhält sich zur Vernunfterkenntnis potentiell, d.h. wenn sie in ihrer eigenen aktuellen Sinnestätigkeit ist, bietet sie der Vernunft das Potential oder Material für deren eigene Erkenntnis, die sich auf höherer Ebene aktualisieren wird.

e) Wie die Sinnesvermögen so muß auch das der Vernunft aus einem potentiellen Erkenntniszustand in den ihr eigenen, aktuellen Erkenntniszustand übergehen. Ihren potentiellen Zustand vergleich Aristoteles mit einer Schreibtafel, auf der noch nichts wirklich geschrieben steht. Der Vergleich ist von den modernen Empiristen (J. Locke u.a) mißverstanden worden, als ob in der Vernunft keine anderen Erkenntnisinhalte sein könnten als nur solche der empirischen Erscheinungswelt. Dies ist jedoch unzutreffend; denn es gibt, wie gesagt, in den Dingen nicht nur sinnlich Erscheinendes, sondern auch Intelligibles, das von der Vernunft erfaßt werden kann, d.h. Wesentliches, Ursächliches hinter den Erscheinungen (vgl. zu den zwei Seiten der Erfahrungsdinge *De an. III 4*).

f) Daß die Vernunft nicht «leer» ist, bezeugt die Vernunft selber, in Akten des Selbstbewußtseins, mit denen sie von sich als substantiellem Seienden und als Ursache ihrer Tätigkeiten weiß. Analog hierzu gibt es in den Wahrnehmungen der Sinne eine gewisse Selbstwahrnehmung, die anderer Art ist als die von den Sinnesobjekten. Sie ist die Leistung eines die Einzelsinne umfassenden Gemeinsinnes.

Die Selbstwahrnehmung kommt also nicht als ein neuer Akt zu dem der spezifischen Objektwahrnehmung hinzu, sondern liegt in dieser beschlossen, geht aber über deren spezifische Leistung hinaus; denn die Selbstwahrnehmung ist nicht wieder auf das Objekt gerichtet. Vielmehr bezieht sie sich auf die Wahrnehmung und auf das Subjekt/das Sinnesvermögen selbst und ist gleichsam der intensive Modus, mit dem dieses im Wahrnehmungsakt bei sich selber ist. Analoges gilt dann a fortiori von der Vernunft. Ihre «Selbstwahrnehmung» ist ein begleitendes Mitwissen (nach späterer Terminologie: Bewußtsein), mit dem sie in ihren Akten bei sich selber ist. Gegenüber dem Tier zeigt somit der Mensch einen höheren Grad des Selbstbesitzes und der inneren Einheit, und zwar schon auf der Ebene der Sinneswahrnehmung. Die empiristische These, daß wir von Seiendem, das in keiner Sinnesanschauung gegeben ist, keine Erkenntnis haben können, so vor allem von der Seele (mit ihren Sinnes- und Vernunftvermögen) nicht, behauptet dies, weil sie fälschlich die Sinnes- wie die Vernunftcrkenntnis auf die von anschaulich gegebenen Objekten beschränkt. Dabei entgeht ihr gerade der Modus der Selbstwahrnehmung bzw. des vernünftigen Bewußtseins, worin uns unsere Seele unanschaulich gegeben ist.

g) Die Sinneswahrnehmungen sind von den Vernunfterkenntnissen wesentlich verschieden, wie dies auch ihre Objekte sind, das Sinnliche und das Intelligible. Aristoteles stellt dies mit Kritik an den Vorsokratikern fest, die auf diese Verschiedenheit noch kaum geachtet haben. Er sieht die Sinneswahrnehmungen als der Vernunfterkenntnis untergeordnet und bemerkt einen Erkenntnisfortschritt, der über Zwischenstufen der Erinnerung, Vorstellung und Meinung bzw. Erfahrung hin zur Vernunfterkenntnis, d.h. der Wissenschaft führt (*Metaphys. I 1-2; Anal. poster. II 19*).

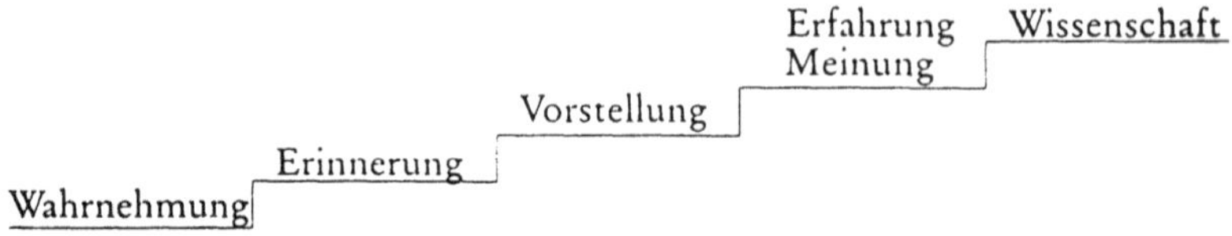

Die Stufen bezeichnen einen aufsteigenden Erkenntnisfortschritt, den die Menschen durch Unterricht im Lern- und Bildungsprozeß vollziehen. Mit jeder neuen Stufe wird eine höhere Erkenntniseinheit und -allgemeinheit erreicht: Viele Wahrnehmungen sind in einer Erinnerung zusammengefaßt, viele Erinnerungen in einer Vorstellung, viele Vorstellungen in einer Erfahrung oder Meinung und viele Erfahrungen in einer wissenschaftlichen Erkenntnis. Die je höhere Erkenntniseinheit ist von höherer Allgemeinheit gegenüber den Einzelzügen des sinnlich wahrgenommenen, konkreten Objekts. So verhalten sich z.B. Erinnerung und Vorstellung von wahrgenommenen Einzelmenschen unbestimmt allgemein zu ihnen, noch mehr der Begriff Mensch mit empirischen Meinungen über sie, am meisten aber die allgemeine wissenschaftliche Erkenntnis, mit der Definition vom Menschen.

Im übrigen ist zu beachten, daß Subjekt auf allen Erkenntnisstufen, auch schon auf der der Sinneswahrnehmung die Vernunft ist, d.h. nicht die Sinne nehmen wahr, sondern die Vernunft mit den Sinnen.

h) Die Vernunft in ihrer Erkenntnisleistung und als Vermögen wird in *De an. III, Kap. 4 und 5*, untersucht und in Analogie zur Sinneswahrnehmung bestimmt, nach Gemeinsamkeit und wesentlicher Verschiedenheit.

Definiert wird die Vernunft als das Vermögen, erkennend alles zu sein, und zwar in Möglichkeit, um dann jedes einzelne in Wirklichkeit zu erkennen. Aristoteles' Lehre ist im Gegensatz zu den Vorsokratikern die, daß die

Vernunft nicht die konkreten, materiellen Dinge ist, sei es daß sie (nach Empedokles) aus denselben Elementen wie sie bestünde, oder daß sie (nach Demokrit) aus Feueratomen bestehend, von den materiellen Gebilden der Dinge beeindruckt und ihnen nachgebildet würde. Vielmehr nimmt sie von den Dingen die intelligiblen Formen auf, wie analog die Sinneswahrnehmung die sinnlichen Formen, ohne die Materie, was das *Kap. 4* darlegt. Dazu bedarf aber die erkenntnisfähige Vernunft eines aufnehmenden Organes, wie die Sinneswahrnehmung des Körperorganes, und hat ein solches in der sog. «passiven Vernunft», die in *Kap. 5* erschlossen wird. Sie kommt zur erkenntnisfähigen, aktiven Vernunft hinzu, wie analog in den Naturdingen die Materie- zur Formursache hinzukommt.

i) In *De anima* entwirft Aristoteles eine Erkenntnistheorie von bleibendem Wert und gründet sie auf seine philosophische Lehre von den Seelenvermögen und der Wesenheit des Menschen, zu der außer dem Leib auch die Vernunftseele gehört. Gleichwohl vermeidet er aber eine Psychologisierung der Erkenntnis; denn er betrachtet die Erkenntnisse nicht als psychische Erlebnisse, sondern bestimmt sie allein von ihren Objekten her als deren Repräsentation in der Seele.

In *Buch III* ist zu beachten, daß der Gesichtspunkt von *Kap. 4* zu *Kap. 5* wechselt, nämlich von der erkenntnistheoretischen zur metaphysischen (oder psychologisch-anthropologischen) Betrachtung. Das *Kap. 4* definiert die Vernunft als Erkenntnisvermögen und untersucht ihre beiden Erkenntniszustände, wonach sie das Erkennbare zuerst in Möglichkeit, dann in Wirklichkeit ist. Dagegen bestimmt *Kap. 5* ihre Wesensnatur, nämlich wesensmäßig in Akt zu sein, der ein habitueller (erster) Akt ist, im Unterschied zu bestimmten (zweiten) Erkenntnisakten. Wenn man den Wechsel des Gesichtspunktes nicht berücksichtigt, könnte Aristoteles' Erkenntnislehre fälschlich als Naturalismus erscheinen.

Auch der Begriff des «Erleidens» weist die zwei Gesichtspunkte auf: Einerseits definiert er das Erkennen, in seinem Grundakt, als ein Aufnehmen, d.h. als ein Bestimmtwerden von seiten der Objekte. Andererseits betrifft die Klärung dieses «Erleidens» als nicht mehr physisches, sondern spezifisch psychisches, das psychologisch-anthropologische Fundament der Erkenntnis, der die immaterielle Verunftseele, mit den Erkenntnisvermögen, zugrunde liegt. Sie gehen im «Erleiden» von einer ersten Aktualität bzw. Entelechie (Vollendung) in eine zweite über. Diese Begriffe verweisen in die Metaphysik. Würde man den Wechsel des Gesichtspunktes nicht beachten und – wie eine falsche Interpretation von *II 5* dies versucht – das uneigentliche Erleiden mit dem Übergang vom ersten Akt zum zweiten, das der Text als «Erhaltung» (im eigenen Sein) und als «Zuwachs» (Epidosis) bezeichnet, als

Erkenntnisfortschritt mißverstehen, so führte dies wieder in einen Naturalismus.

Zu Beginn unseres Jahrhunderts hat E. Husserl versucht, die Philosophie der Erkenntnis vom Psychologismus des 19. Jahrhunderts zu befreien und nur vom Gegenstand, den Sachen her zu bestimmen, bezogen auf das Bewußtsein. Dabei führt er sogar die griechischen Begriffe der Noesis und des Noema wieder in die Erkenntistheorie ein. Doch bietet seine Phänomenologie eher eine transzendentale Theorie der psychischen Erlebnisse, mit den Gegenständen, den Sachen, als Bewußtseinsphänomenen. Dies hat mit dem aristotelischen Erkenntnisrealismus nichts gemein.

4) Zur Interpretation von Aristoteles' Vernunft-Lehre in *De an. III 4-5*

Über Aristoteles' Lehre von der aktiven und passiven Vernunft gibt es zahlreiche Kontroversen, die im Laufe der Traditionsgeschichte aufgetreten sind, von denen im folgenden die wichtigsten erörtert werden sollen. Wir fassen zunächst einige Hauptgesichtspunkte schematisch zusammen, als Grundlage für die dann zu besprechenden Kontroversen:

Das Vernunftvermögen «erleidet» (analog wie das Sinnesvermögen) von seiten der Objekte etwas, d.h. es wird von ihnen informiert, so daß es in Erkenntnisakte übergeht. Näher gesehen erweist sich dieser Übergang als ein solcher von einer schon im Vernunftvermögen liegenden, ersten Aktualität – mit ihrer aktiven Disposition zur Erkenntnis – zu einer zweiten Aktualität, in den Erkenntnisakten, von einer ersten zu einer zweiten Vollkommenheit.

Wie nun in jedem Naturding die Form- bzw. Wirkursache einer Materieursache bedarf, in welcher die jeweils bestimmte Form aufgenommen und ausgeprägt wird, so bedarf auch die tätige Vernunft eines quasi-materialen Prinzips, d.h. hier einer Vernunft, die alles Intelligible aufnimmt und insofern «alles wird». Sie erleidet eine echte Veränderung, wenn sie vom Intelligiblen aus den Phantasmen (den sinnlichen Vorstellungen) beeindruckt wird – aus denen die aktive, tätige Vernunft das Intelligible abstrahiert –, und verhält sich zu dieser aktiven Vernunft wie die materiale Ursache zur Wirkursache. Am Ende spricht daher *Kap. 5* von dieser zugrundeliegenden, materialen Vernunft als «passiver Vernunft», 430a 24-25, welche der aktiven so zugeordnet ist, daß die aktive «ohne sie nichts erkennt», a 25. Während die aktive Vernunft leidensunfähig und unstreblich ist, gilt von der passiven, leidensfähigen, daß sie vergänglich ist.

a) bei Themistios

Themistios interpretiert zu *De an. III* Kap. 4 richtig die «vermögende Vernunft» (potentia intellectus) in der Weise, daß sie keine eigene bestimmte Form wie ein materielles Naturding hat, sondern ihre immaterielle Natur/ Form nur darin besteht, alle intelligiblen Formen potentiell zu sein und damit alle erkennen zu können. In der aktuellen Erkenntnis einer Form wird sie dann jeweils mit dieser identisch. Der Übergang zur aktuellen Erkenntnis ist kein eigentliches Erleiden, sondern nur ein uneigentliches, das eine zusätzliche Vollkommenheit des Vermögens bedeutet. In diesem Sinne legt Themistios auch den Vergleich der vermögenden Vernunft mit einer Schreibtafel richtig aus: sicut tabula nihil habente actu scriptum, quando scribuntur litterae, perfectionem utique dices tabulae inscripta, non passionem, quoniam ad quae facta fuit, haec recipit.[44]

Die Abweichungen vom aristotelischen Text beginnen erst mit der Interpretation von *Kap. 5*, wo Themistios nun hinsichtlich der zwei hier unterschiedenen Prinzipien, dem materialen und dem aktiv wirkenden, das materiale Prinzip fälschlich mit der vermögenden Vernunft gleichsetzt, die sich im Übergang zur aktuellen Erkenntnis vervollkommnet, und das aktive Vernunft-Prinzip diese Vervollkommnung der vermögenden Vernunft bewirken läßt: Oportet igitur potentia intellectum perfici, perficitur autem nihil a seipso, sed ab alio.[45] Zu einer solchen Auslegung der materialen Vernunft, die «alles wird», gibt jedoch der Text keinen Anlaß; denn sie wird gleichsam als «Materie» gekennzeichnet, und diese entspricht der «Gattung» jedes Dinges, die sich zur Spezies wie das Unbestimmtere, Unvollkommenere, zum Bestimmten, Vollkommenen verhält. Dagegen befindet sich die vermögende Vernunft schon in einer (ersten) Vollkommenheit, aus der sie beim Erkenntnisvollzug in eine zusätzliche (zweite) übergeht. Niemals würde Aristoteles sie als «Materie» bezeichnen. Ferner werden zwar für ein Ding, das sich aus der bloßen Potenz in seinen Wesensakt, als (erste) Vollkommenheit, entwickelt, zwei Prinzipien erfordert, ein materiales Potenzprinzip und ein formales Aktprinzip, so auch bei der Seele: ein materiales, passives, und ein formales, wirkendes Aktprinzip. Aber bei diesem Aktprinzip selbst, d.h. dem aktiven Vernunft-Vermögen, sofern es noch von einer ersten in eine zusätzliche, zweite Vollkommenheit übergehen kann, bedarf es keiner anderen «aktiven Vernunft» mehr (die ja nach Aristoteles auch nur einen ersten, «habituellen» Akt hat, «wie das Licht»), sondern sofern hier

44 *Themistii in Aristotelis De anima Comment.*, 28vb (zu 429b 26 ff.)

45 29rb (zu 430a 10 ff.)

noch «ein anderes» erforderlich ist, muß dies das aktuelle Objekt sein, das für die Erkenntnis bestimmende Prinzip, von dem der Anstoß für das Vernunft-Vermögen kommt, in den jeweiligen Erkenntnisakt (als zweite Vollkommenheit) überzugehen.

Falsch wird dann auch der Vergleich der aktiven Vernunft mit dem Licht ausgelegt: Et sicut lumen potentia visui et potentia coloribus adveniens actu quidem visum fecit et actu colores, ita et intellectus iste qui actu producens potentia intellectum non solum ipsum actu intellectum fecit, sed et potentia intelligibilia actu intelligibilia ipsi instituit.[46] Doch will Aristoteles mit dem Vergleich nur dies erläutern: Wie bei der sinnlichen Erkenntnis das Objekt, das Farbige, vom Licht aktuell sichtbar gemacht wird, so macht bei der vernunftmäßigen Erkenntnis die aktive Vernunft ihr Objekt aktuell intelligibel. Nicht jedoch macht das Licht das Sinnesvermögen aktuell; denn dieses besitzt schon eine eigene Aktualität, aus der es selbst in die zweiten, erkennenden Akte übergeht, wozu die belichteten Farbobjekte den Anstoß geben. Dabei werden ihre Formen entmaterialisiert und dem Sinnesvermögen verinnerlicht und mit seinem zweiten Akt identisch. Die Formen teilen also keinen Akt dem Vermögen mit, sondern werden kraft des dem Vermögen selbst eigenen Aktes ihm anverwndelt. Ebensowenig wird das Vernunft-Vermögen durch eine von ihm verschiedene aktive Vernunft in den Erkenntnisakt überführt (sei es direkt, oder durch die aktualisierten intelligiblen Formen), sondern geht aus der ihm eigenen Aktualität in den Erkenntnisakt über.

Offensichtlich wird der Vergleich weiter ausgelegt, als er es zuläßt: Bei der Gesichtswahrnehmung gibt es ja keinen «aktiven Sinn», weil ihr Objekt, das Farbige, schon aktuell wahrnehmbar vorliegt, nämlich durch das Licht wahrnehmbar gemacht:

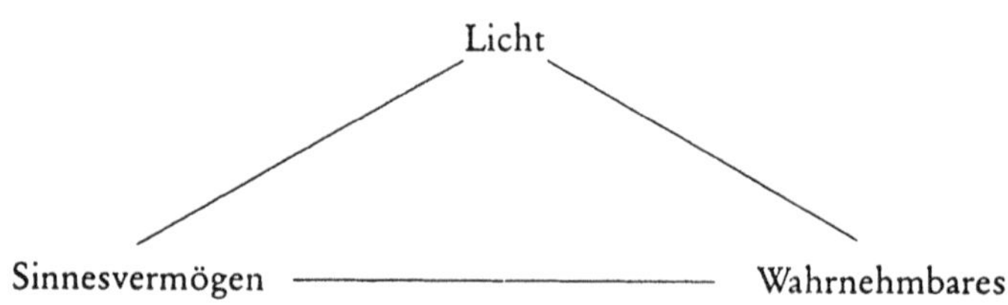

Anders bei der Vernunfterkenntnis: Ihr Objekt muß erst aktuell intelligibel gemacht werden, und zwar durch eine habituelle Aktualität, die im Vernunft-Vermögen selbst liegt, welche dieselbe Funktion hat wie vergleichs-

46 ebd., zu 430a 14 ff.

weise das Licht bei der Sinneserkenntnis. Aber es ist verfehlt, diesen Vergleich zu überziehen und auch für die Erkenntnis des Vernunft-Vermögens eine von ihm verschiedene «aktive Vernunft» anzusetzen, die es (durch das aktualisierte Intelligible) in den Erkenntnisakt führen würde, als ob das Vermögen keine eigene Aktualität hätte, sondern nur passiv wäre:

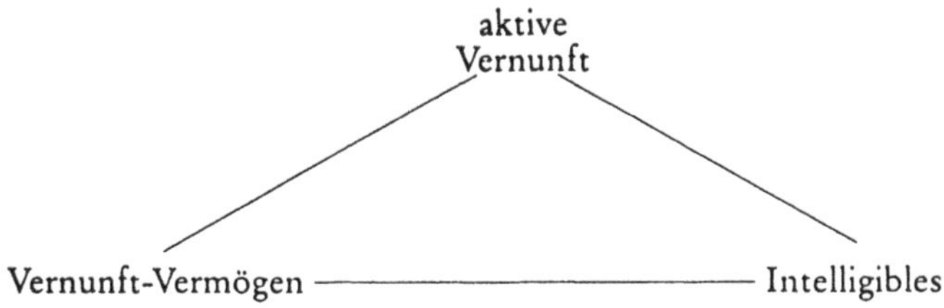

Bei Averroes führt dies konsequent zur Ansetzung einer aktiven Vernunft über den individuellen Vernunft-Vermögen der Menschen. Dieses Überziehen des Vergleiches ist wohl von Platons Sonnengleichnis beeinflußt, wo die Idee des Guten durch das Licht der Wahrheit die Objekte der Vernunft (sc. die Ideen) intelligibel macht, zu denen sich das Vernunft-Vermögen selbst rein rezeptiv-passiv verhält. Die platonische Auffassung von der Vernunft hat Aristoteles durch seine eigene von der Vernunft als aktivem Vermögen korrigiert. Die Korrektur geht wieder verloren, wenn eine Interpretation das aktive Moment des Vernunft-Vermögens als von ihm verschiedene «aktive Vernunft» ansetzt.

Die Zeilen in *De an. III 5*, 430a 19-20, sprechen nicht davon, daß «die Vernunft als identische auch intelligibel wird» (et fit idem intellectus et intelligibilis, sicut scientia secundum actum est ipse scibile)[47], sondern davon, daß die Vernunft mit dem Intelligiblen identisch wird. Es geht nicht darum, daß die aktive Vernunft, «sofern sie die vermögende Vernunft erfaßt, intelligibel ist, sofern sie aber gemäß dem Akt ist, Vernunft ist» (qua quidem concepit potentia intellectum, intelligibilis, qua autem est ipse secundum actum, est intellectus)[48]. Der aristotelische Text will nicht besagen, daß dieselbe aktive Vernunft Objekt und Subjekt sein kann, intelligibel und Intellekt. Dies ist ein neuplatonischer Gedanke hinsichtlich der sog. Zweiten Hypostase, der kosmischen Vernunft, die in sich diese Zweiheit hat. Themistios' Interpretation geht hier fehl und trifft nicht den wahren Sinn des aristotelischen Textes, daß nämlich die aktive Vernunft, als Moment des Intellekt-Vermögens, aus ihrer habituellen, dem Licht vergleichbaren, ersten

47 ebd. 29va (zu 430a 19).
48 ebenda.

Aktualität übergeht in je zweite, erkennende Akte, in denen sie mit dem Intelligiblen identisch wird.

Die «passive Vernunft» läßt Themistios mit dem Sinnesvermögen zusammenfallen. Er will sie nicht mit der materialen Vernunft gleichsetzen[49], – die ja für ihn die vermögende Vernunft ist –, sondern mit jenem Seelenteil, der nach *De an. Buch I 4*, 408b 5 ff., liebt, haßt, sich fürchtet, sich erinnert u.ä., weil dort auch die Erinnerung erwähnt wird, wie in *III 5*. Doch ist diese Anknüpfung an den Text in *I 4* zu lose. Man gewinnt aus ihm nur dies, daß bei den Affekten irgendwie Vernunft und Sinnlichkeit zusammenwirken. Dann würde dies aber für die passive Vernunft nur bedeuten, daß sie zwar mit der Sinnlichkeit verbunden ist, nicht aber, daß sie mit ihr identisch sei.

b) bei Thomas v. Aquin

Wenden wir uns nun der Interpretation zu, die Thomas v. Aquin zu *De anima III 4-5* an verschiedenen Stellen seiner Werke immer in derselben Weise bietet, so auch in seinem Kommentar zur aristotelischen Schrift[50]. Da Thomas' Auslegung der Aristoteles-Texte gewöhnlich sehr genau ist, fällt es auf, daß sich seine Interpretation von *De an. III 5* teilweise vom Text entfernt und mit ihm nicht mehr vereinbar ist, wie sogleich zu zeigen sein wird. Bei näherer Betrachtung läßt sich ein Einfluß des Themistios feststellen, auf den sich Thomas in *Summa theol. I 79*, 4c, ausdrücklich bezieht. Es kehren dieselben Schwierigkeiten wieder, die wir oben bei Themistios bemerkt haben.

Thomas beginnt zu *Buch III*, *Kap. 5* so, Nr 728: Nachdem der Philosoph die vermögende Vernunft (intellectus possibilis) bestimmt hat (in *Kap. 4*), bestimmt er nun (in *Kap. 5*) die tätige Vernunft (intellectus agens). Zu einer solchen Überleitung gibt jedoch der aristotelische Text keinen Anlaß; denn *Kap. 5* handelt weiter von der in *Kap. 4* eingeführten, vermögenden Vernunft, wenn es nun auch zu ihr, unter ursächlichem Gesichtspunkt, eine komplementäre, passive Vernunft erschließt.

Thomas identifiziert dann diese erschlossene, materiale Vernunft, die «alles (Intelligible) wird», mit der vermögenden Vernunft von *Kap. 4* (noch in Nr. 728); denn diese befindet sich schon in einem ersten Akt und geht ohne eigentliches Erleiden in die zweiten, erkennenden Akte über, ist also an sich leidensunfähig und muß mit der aktiven Vernunft in *Kap. 5* zusam-

49 vgl. 30ra.
50 *In Aristotelis libr. de anima comment.*, (die Nummern sind die der Marietti-Ausgabe), Milano 1959.

mengenommen werden. Dagegen ist die Vernunft, die «alles (Intelligible) wird», ein der aktiven Vernunft, die «alles (Intelligible) bewirkt», komplementär gegenüberstehendes, materiales Prinzip, das leidensfähig sein muß. Auf sie bezieht sich daher eindeutig die unten dann so genannte «passive Vernunft».

Thomas sieht zwar, daß die vermögende Vernunft von *Kap. 4* ebenso wie die aktive Vernunft in *Kap. 5* leidensunfähig und unvermischt ist (mit materiellen Elementen, nach Anaxagoras), unterscheidet aber dennoch beide als zwei verschiedene Prinzipien, weil für ihn die vermögende Vernunft nicht wie die aktive wesentlich in Akt sei, Nr. 732: quarta enim condicio (sc. intellectus agentis) est, quod sit in actu secundum suam substantiam, in quo differt ab intellectu possibili, qui est in potentia secundum suam substantiam, sed est in actu solum secundum speciem susceptam. Doch ist diese Interpretation nicht haltbar; denn die vermögende Vernunft ist an sich, substantiell-essentiell, schon in einem ersten Akt, weshalb sie dann in Berührung mit dem intelligiblen Objekt in zweite, erkennende Akte übergeht, ohne eigentliches Erleiden. In Potenz ist sie also nicht substantiell, sondern nur in bezug auf die je bestimmten, aktuellen Erkenntnisse. Würde sie nicht schon in einem wesenseigenen, ersten Akt sein, sondern ihn von anderswoher empfangen (sei es vom aktuellen Intelligiblen, sei es durch dieses von der aktiven Vernunft), so müßte sie etwas eigentlicherweise erleiden und wäre nicht mehr leidensunfähig. Tatsächlich käme dann die vermögende Vernunft mit der passiven zur Dekung, was sicherlich falsch und auch von Thomas nicht intendiert ist.

Gleichwohl setzt Thomas die vermögende Vernunft, aus *Kap. 4*, mit der in *Kap. 5* erschlossenen, materialen Vernunft gleich, Nr. 733: sed intellectus agens comparatur ad possibilem sicut agens ad materiam (vgl. das untenstehende Schema). Doch ist dies mit dem Text unvereinbar; denn das materiale Prinzip ist an sich ein passives, während die vermögende Vernunft leidensunfähig und vom Leib abtrennbar ist, wie die aktive Vernunft. Daher muß sie mit ihr identisch sein.

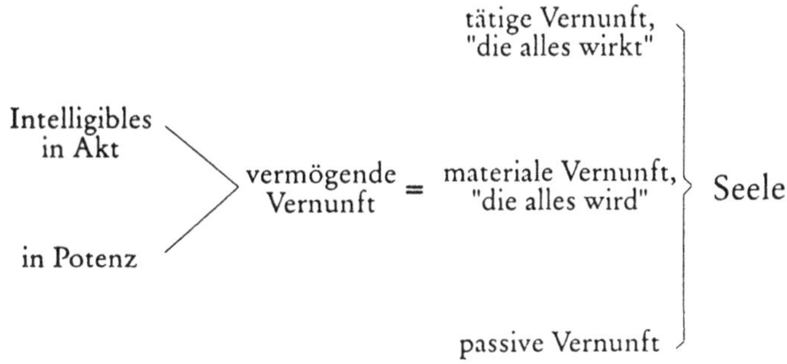

Die aktive Vernunft ist genaugenommen eine Seite der vermögenden Vernunft in der ihr wesenseigenen, ersten Aktualität, aus der sie dann in je zweite, erkennende Akte übergehen kann. Dieser Übergang, der für die vermögende Vernunft in *Kap. 4* kennzeichnend war, wird in *Kap. 5* nun der aktiven Vernunft zugeschrieben, 430a 19-20: ein eindeutiges Indiz für die Identität beider. Thomas' Kommentar, Nr. 734-739, läßt diesen Zusammenhang vermissen und unterscheidet, ohne genauen Textverweis, zwischen einer «Vernunft in Akt», einer «vermögenden Vernunft» und einer «habituellen Vernunft».

Die Abschnitte Nr. 734-739 befassen sich mit einer falschen Ansicht, daß die aktive Vernunft eine von der Seele – und damit auch von der vermögenden Vernunft – abgetrennte, für sich bestehende Substanz sei, da ein und dieselbe Substanz sich nicht in bezug ein und dasselbe, das Intelligible, zugleich entgegengesetzt, d.h. potentiell und aktuell, verhalten könne. Wenn nun auch Thomas ablehnt, daß die vermögende und die aktive Vernunft zwei getrennte Substanzen seien, nimmt er sie doch als zwei Prinzipien, als das materiale und als das wirkende, in der einen substantiellen Seele an. Und ihr Bezug auf dasselbe Intelligible ist verschieden dadurch, daß das eine Prinzip das Intelligible wird, das andere hingegen es bewirkt.

Doch läßt sich hierzu bemerken, daß dies in *Kap. 5* aus ursächlicher Sicht auf die Entstehung des Intelligiblen in der Seele gilt, worauf die materiale und die aktive Vernunft verschieden bezogen sind. In *Kap. 4* dagegen war die gnoseologische Sicht auf die Erkenntnisweise leitend, wie jedes Intelligible zuerst potentiell, dann aktuell erkannt wird. Und hier hinderte nichts, daß ein und dasselbe Vernunft-Vermögen, eben die «vermögende Vernunft», dasselbe Intelligible potentiell und aktuell sein kann, zwar nicht zugleich, wohl aber in zeitlich verschiedenen Zuständen, und daß es vom potentiellen in den aktuellen Zustand in nur uneigentlichem Erleiden übergeht.

Thomas' Interpretation der aristotelischen Vernunft-Lehre ist in seinen anderen Werken dieselbe wie im Kommentar zu *De an. III 4-5*. Wir begnügen uns, nur seine Darlegung in *Summa theol. I, qu. 76* und *79* zu erwähnen.

In *quaestio 76* wird der aktiven Vernunft (intellectus agens) fälschlich die mögliche/vermögende (intellectus possibilis) in der Funktion gegenübergestellt, die in *De an. III 5* die materiale Vernunft hat, nämlich die intelligiblen Formen aufzunehmen, welche die aktive Vernunft aus den Vorstellungen, den sog. Phantasmen, abstrahiert. Ebenso geht Thomas auch in *quaestio 79, art 4*, vor, wobei freilich aus dem Aufnehmen der intelligiblen Formen ein Identisch-werden mit ihnen wird. Doch ist dies nicht der Sinn des aristotelischen Textes von *De an. II 5* und *III 5*. Im Lern- und Abstraktionsprozeß erfährt die intellektive Seele eine echte Veränderung (vgl. 417a 31-32 ἀλλοιωθείς).

Während die aktive Vernunft das Intelligible aus dem Sinnesmaterial und den Phantasmen gewinnt, muß ihre Unterlage, die materiale Vernunft, sich verändern und in der Weise das Intelligible «werden», daß sie die intelligiblen Formen aufnimmt, ohne mit ihnen dann identisch zu sein.

Thomas kennt zwar diese Bedeutung des Erleidens, das ein materiales Prinzip erfährt, wenn es eine Form ablegt und eine andere aufnimmt, *quaestio 79, art. 2, ad 2*, läßt aber für die materiale Vernunft, die von der aktiven Vernunft die intelligiblen Formen aufnimmt, nicht dieses Erleiden gelten, sondern nur das uneigentliche, das im Übergang vom ersten zum zweiten Akt liegt. Und so kommt es zur Gleichsetzung der materialen mit der vermögenden Vernunft[51].

Unsere Interpretation läßt sich in folgendem Schema festhalten:

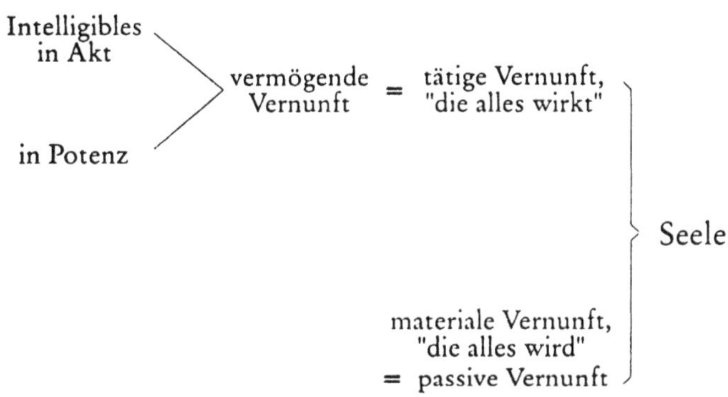

Abschließend seien noch in systematischer Form einige Gründe angeführt, die gegen eine Gleichsetzung der vermögenden Vernunft von *De an. III, Kap. 4*, mit der materialen Vernunft von *Kap. 5* sprechen:

1. Die aktiv tätige Vernunft erscheint in Thomas' Interpretation als ein erschlossenes Vernunft-Prinzip, nämlich als das, wodurch wir das Intelligible erkennen, indem sie es intelligibel macht, nicht als das Erkenntnis-Subjekt

51 *Im Grundriß der Geschichte der Philosophie*, Bd. 3: Ältere Akademie, Aristoteles, Peripatos (hrsg. v. H. Flashar), Basel-Stuttgart 1983, wird auf S. 417 die Interpretation aus meiner Abhandlung Der Begriff des Intellekts (νοῦς) bei Aristoteles übernommen, wonach die aktive Vernunft, «die alles wirkt», in *Kap. 5*, mit der «rezeptiven Vernunft» von *Kap. 4* identisch ist. Doch stimmt damit die vorausgehende Darstellung auf S. 416 nicht überein, die diese «rezeptive», vermögende Vernunft von *Kap. 4* wieder mit der «passiven Vernunft» gleichsetzt. Wohl aus Versehen; denn Aristoteles nennt jene Vernunft in *Kap. 4* ausdrücklich leidensunfähig, dagegen die passive Vernunft in *Kap. 5*, wie schon der Begriff sagt, leidensfähig und vergänglich.

selbst. Der intellectus agens bleibt in dieser Interpretation für das Subjekt/Ich gleichsam eine vis a tergo. Dies scheint vielmehr die vermögende Vernunft zu sein, der Thomas an einigen Stellen das Ich/Wir zuschreibt[52]. An einer Stelle jedoch auch dem aktiven Intellekt[53]. So ergäbe sich, bei Verschiedenheit beider, ein Doppel-Ich.

2. Nach Thomas würde die vermögende Vernunft einerseits keinen eigenen Akt haben, sondern ihn von der aktiven Vernunft empfangen, andererseits hat sie nach Aristoteles schon einen gewissen, ersten Akt und steht gleichsam zwischen der bloßen Potenz und den vollkommenen, zweiten Akten, wie auch Thomas weiß, *Comm. Nr. 703*. So bleibt hier eine Unstimmigkeit.

3. Da die aktive Vernunft nicht eigentlich Erkenntnis-Subjekt ist, sondern die Bedingung, das Medium , wodurch die Erkenntnisinhalte aktuell intelligibel werden, hat sie einen unpersönlichen, überindividuellen Wesenszug, ähnlich dem aktiven Intellekt bei Averroes, der ihn deshalb, mit gewisser Konsequenz, als einen einzigen Intellekt über die Individuen stellte, was Thomas wiederum zu Recht scharf kritisiert hat. So bleibt auch in diesem Punkte eine Unstimmigkeit.

4. Bei Aristoteles erhält die vermögende Vernunft den ersten Anstoß zur Erkenntnis vom realen Objekt, bei Thomas hingegen von der aktiven Vernunft, über die von ihr aktualisierten, intelligiblen Formen. Aristotelisch gesehen, muß aber auch die aktive Vernunft den ersten Anstoß vom realen Objekt empfangen und sich uneigentlich erleidend verhalten, d.h. von seinem ersten (habituellen) Akt in einen zweiten übergehen, vgl. *De an. III 5*, 430a 19-20. Würde dies jedoch die Interpretation berücksichtigen, dann müßte sie anerkennen, daß in der aktiven Vernunft von *Kap. 5* die vermögende Vernunft von *Kap. 4* weiter das Thema bleibt, die ja gerade durch das uneigentliche Erleiden gekennzeichnet ist, mit dem Übergang vom ersten zum zweiten Akt, vgl. 430a 4-5. – Thomas bemerkt zwar, Nr. 718, daß das Objekt der Vernunft nicht die species intelligibiles sind, sondern die quidditas, quae est in rebus (die *species intelligibiles* sind nicht das, *quod intelligitur*,

52 z.B. wird in *Summa theol. I, qu. 84, art. 7*, intellectus humanus, intellectus noster, hier sinngemäß vom intellectus possibilis ausgesagt (vgl. ad 4). Das folgende abstrahendo a phantasmatibus bezieht sich auf die Tätigkeit des intellectus agens.

53 In *Summa theol. I, qu. 79, art. 4c*: Et hoc experimento cognoscimus nos abstrahere formas universales... quod est facere actu intelligibilia. Diese Tätigkeit bezieht sich auf den intellectus agens, mit dem hier «wir» Menschen uns identifizieren. Im *Kommentar zu De an. III* 5, 430a 22-23, wonach der aktive Intellekt (nach dem Tode) «nur abgetrennt das sein wird, was er ist», erwägt Themistius , daß für Aristoteles der aktive Intellekt «entweder etwas von uns ist oder wir» (30vb: putat aut nostri aliquid esse activum intellectum aut nos).

sondern *quo intelligit (sc. intellectus)*, was bedeutet, daß von den Dingen der erste Anstoß zur intellektiven Tätigkeit an ihnen kommt. Doch wirkt sich dieser Gesichtspunkt nicht in Thomas' Interpretation von *De an. III 4-5* aus.

5. Durch die Gleichsetzung der vermögenden mit der materialen Vernunft vermengen sich zwei verschiedene Bedeutungen der «Aufnahme der intelligiblen Formen»:

– die Aufnahme der Formen in der materialen Vernunft, die sie als von sich verschiedene Formen aufnimmt und ihr Träger ist, ohne mit ihnen identisch zu werden;
– die Aufnahme der Formen in der vermögenden Vernunft, die mit ihnen identisch wird; sie werden jeweils die der Vernunft eigene Form.

Wir haben also eine Aufnahme der Formen in der materialen, passiven Vernunft (die gleichsam das Organ der aktiven ist), und eine davon verschiedene «Aufnahme» in der vermögenden als der aktiven Vernunft selbst. Auch beim Vergleich mit dem Licht gilt, daß die Farben in anderer Weise im Licht, das sich färbt, «aufgenommen» werden, als sie material im Medium (Luft, Wasser) und auf der Netzhaut aufgenommen werden.

Zur Vermengung beider Bedeutungen hat der Vergleich der vermögenden Vernunft mit der leeren Schreibtafel, *De an. III 4*, 430a 1-2, beigetragen, da er faktisch mehr die erste Bedeutung der Aufnahme als die zweite verdeutlicht (wie sollte dies auch ein solcher Vergleich adäquat können ?!), obwohl er gerade die zweite Bedeutung erläutern will, daß nämlich die Vernunft wesentlich nichts anderes als vermögend ist, jedes Intelligible aufzunehmen, um dann mit ihm identisch zu sein.

6. Die Gleichsetzung der vermögenden Vernunft mit der materialen ist auch nicht mit der von Aristoteles verwendeten Analogie zwischen der Sinnes- und Vernunfterkenntnis vereinbar; denn wie der Wahrnehmungssinn einerseits vermögendes Prinzip ist, vom Objekt bestimmt zu werden und in uneigentlichem «Erleiden» von seinem ersten Akt in die je zweiten Akte der Erkenntnis überzugehen, andererseits aber doch zugleich das aktive Prinzip ist, die Aktursache gegenüber dem körperlichen Organ, genauso ist analog die vermögende Vernunft zugleich das aktive Prinzip gegenüber der (quasi-)materialen, d.h. passiven Vernunft (die der aktiven gleichsam als Organ dient, wie das Körperorgan dem Wahrnehmungssinn).

7. Wenn die Interpretation nicht mehr in *De an. III 5* die Identität der «passiven Vernunft» mit der materialen Vernunft sieht, die «alles wird», dann ergibt sich die Schwierigkeit, wie man die «passive Vernunft» dann noch verstehen soll. Thomas setzt ihn mit dem Sinnesvermögen gleich, was jedoch nicht befriedigt, da die Vernunft doch ihrem Begriffe nach vom

Sinnesvermögen verschieden ist. Zwar gibt es Stellen bei Aristoteles, wo er sie mit der Sinneswahrnehmung zusammenbringt, mit der ja die Vernunft von Anfang an zusammen tätig ist, schon beim intuitiven Erfassen erster Gegebenheiten der Dinge (s.o.), doch setzt sie Aristoteles nirgens mit ihr identisch.

A. Mager[54] hält am «passiven Intellekt» als einem vom sinnlichen verschiedenen Vermögen fest, empfindet aber einen «Intellekt», der etwas so «erleidet», daß er «vergänglich» ist (430a 24-25), als in sich widersprüchlich. Daher gibt er dem ganzen Ausdruck eine andere Bedeutung, die es ihm erlaubt, den «passiven Intellekt» geradezu mit dem «Intellekt in Akt» gleichzusetzen, sofern dieser noch von den Phantasmen beeinflußt und von ihnen abhängig ist: Das Vergänglich-sein besage dann nur das Aufhören der von den Phantasmen beeinflußten Tätigkeit des «Intellekts in Akt», nämlich dann, wenn er (nach dem Tode) vom Leib abgetrennt sein wird. «Der νοῦς, sofern er als intellectus in actu der Einwirkung durch die Phantasie erliegt, also als παθητικός bezeichnet werden muß, hört auf (φθαρτός). Der νοῦς als solcher bleibt, aber als intellectus in actu hört er auf, weil eine Einwirkung von der Phantasie ausgeschlossen ist» (a.a.O., 271).

Doch ist diese Interpretation in mehrfacher Hinsicht unhaltbar: Abgesehen davon, daß sie die Bedeutung «Vergehen» (eines Vermögens) in «Aufhören» (einer Tätigkeit) verkehrt, verfehlt sie auch die Bedeutung des «Intellekts in Akt», der ja ein in rein intellektueller, wissenschaftlicher (und überwissenschaftlicher) Erkenntnistätigkeit ist, also sich weit über die Stufe der Phantasmen und der mit ihnen verbundenen empirischen Erkenntnis erhebt. Ferner mißversteht sie auch den Sinn der Zeilen 430a 23-25, die den vom Leib (nach dem Tode) abgetrennten, aktiven Intellekt betreffen und besagen, daß dieser dann in seiner rein intellektuellen Tätigkeit sein wird, ohne Verbindung mit Erinnerung, sowie ohne Phantasmen tätig, somit auch ohne passiven Intellekt.

—

Auf die wechselvolle Interpretationsgeschichte zu *De anima III 4-5* kann hier nicht weiter eingegangen werden. Einen guten Einblick gewährt die Untersuchung: *La doctrine de l' intelligence chez Aristote*, von M. de Corte, die den aristotelischen Text der thomistischen Tradition folgend auslegt und darüber hinaus neue Aufschlüsse gewährt. So stellt De Corte (225 ff.) richtig die intuitive Grundfunktion der Vernunft heraus, ferner ihre Ab-

54 A. Mager, *Der* ΝΟΥΣ ΠΑΘΗΤΙΚΟΣ bei Aristoteles und Thomas v. Aqu. in: Hommage a M. Maurice de Wulf, Louvain 1934, 263-274.

straktionsleistung im Fortschritt von der Sinnes- zur Vernunfterkenntnis. Dabei betont er, daß der erste Anstoß vom Objekt kommt, genau von seinem intelligiblen, aktuellen Sein, wenn auch sein Wesen für die Vernunft zunächst nur potentiell intelligibel ist, um dann in der zu gewinnenden Wesenserkenntnis aktuell intelligibel zu sein (230 ff.). Im Appendix I (Notes exégétiques sur la théorie aristotélicienne du sensus communis) erklärt er richtig den sog. Gemeinsinn als das Vermögen, das dem gemeinsam Wahrnehmbaren entspricht. Der Kommentar (276 ff.) im Appendix III zur Stelle III 4, 429b 10-22, erläutert richtig, daß dem Sinnesobjekt und seinem Wesen nicht zwei entgegengesetzte Erkenntnisse entsprechen, sondern zwei aufeinander zugeordnete Erkenntniszustände der einen Vernunft. Zum Text III 5, 430a 19-22, der besagt, daß «die aktuelle Wissenschaft mit der Sache identisch ist», und daß sie [= die Vernunft] immer tätig ist, fragt sich De Corte, welche Vernunft als Subjekt zu νοεῖ a 22, zu ergänzen ist, und meint, daß es nicht die aktive Vernunft sein könne; denn dann müßte ihr Denken «ewig und kontinuierlich» sein und wäre «substantiell verschieden von unserer Personalität», was unhaltbar ist, da unsere Vernunft nicht immer denkt. So bleibt als Subjekt nur der «Intellekt in Akt» übrig, der kontinuierlich von Zuständen der potentiellen Erkenntnis zu solchen der aktuellen übergeht. Die Kennzeichnung des «Intellectus agens» als «Habitus» dürfe nach De Corte hier nicht in der üblichen aristotelischen Bedeutung des beständigen Aktes verstanden werden. Doch scheint mir diese Interpretation dem Text nicht gerecht zu werden; denn die Erläuterung des Habitus der aktiven Vernunft mit dem Licht zeigt eindeutig, daß sie als beständiger Akt vorliegt. Die Schwierigkeit löst sich auf, wenn man die beständig aktuelle Tätigkeit der aktiven Vernunft nicht als beständige Vernunfterkenntnis, oder als Denken, mißversteht, sondern (wie oben dargelegt) als Tätigkeit der Vernunft, mit der sie schon in der Verbindung mit der Sinneswahrnehmung tätig ist, das Intelligible aus dem Sinnlichen abstrahierend, um sich das Objekt seines Denkens zu bereiten.

c) bei G.W.F. Hegel

Abschließend gehen wir noch auf Hegels Interpretation von Aristoteles' *De anima III 4-5* ein, die uns nicht nur in den *Vorlesungen über die Geschichte der Philosophie* und in ihrer *Einleitung*[55] faßbar ist, sondern auch auf einem erst in unseren Tagen veröffentlichten Manuskriptblatt. Dieses enthält, von

55 Für die Einleitung empfiehlt sich die Ausgabe von J. Hoffmeister und F. Nicolin, herausgegeben in der Philos. Bibliothek (Meiner Verlag, Bd. 166), Hamburg 1966.

eigener Hand geschrieben, Hegels Übersetzung von *Kap. 4* (429b 22 ff.) bis *Kap. 5* Ende, zur Verwendung für seine Vorlesungen, und ist mit erläuternden Randbemerkungen versehen[56]. Hegels Übersetzung und Interpretation ist stark von einer Deutung überlagert, die weit über die Texte hinausgehen, ja ihnen Gewalt antut und aus seinem eigenen philosophischen System herfließt. Bevor wir Hegels Übersetzung durchsehen, stellen wir zunächst vorweg jene Gesichtspunkte seines Systems zusammen, in denen er meinte, mit Aristoteles übereinzustimmen:

Wie bekannt, war ein Hauptproblem für Hegel (wie auch schon für Fichte und Schelling) das der Vermittlung des Gegensatzes zwischen Objekt und Subjekt, zugleich auch zwischen Allgemeinem und Einzelnem, Möglichkeit und Wirklichkeit, Natur und Geist. Die Lösung des Problems, die Vermittlung und Aufhebung der Gegensätze, suchte Hegel bekanntlich darin, daß er sie als Momente einer umfassenden Entwicklung des (Welt-)Geistes zu sich selbst betrachtete. Folgende Gesichtspunkte sind hierbei wichtig:

1. Die Vermittlung von Objekt und Subjekt vollzieht der Geist in einer Entwicklung, die vom Objektiven (Ansich) der Naturdinge zum Subjektiven (Fürsich) des Geistes und weiter zur Identität (Übereinstimmung, Wahrheit) beider führt (Verweis auf Aristoteles' Aussage der Identität von νοῦς und νοούμενον). Die Objekterkenntnis ist Teilvollzug der Selbsterkenntnis des Geistes. Das Gemeinsame zwischen Objekt und Subjekt (das κοινόν von *De an. III 4*, 429b 25) ist hiernach der Geist in seinem Vermögen, die genannte Entwicklung zu vollziehen. Dabei ist der Begriff (Logos) von den Dingen im Geist zugleich ihre Substanz und selbst Geist (Logos), der sich von der abstrakten Allgemeinheit, Möglichkeit, zur konkreten Einzelheit verwirklicht.

2. Die Bewegung bzw. Entwicklung in den Naturdingen ist nur die andere, objektive, äußere Seite desselben universalen Prozesses des Geistes, den er auf der Seite seiner Innerlichkeit, des Subjektiven, vollzieht. Die

56 Das Autograph hat W. Kern in den Hegel-Studien, Bd.1, 1961, 49-88, veröffentlicht und erläutert. Die Veröffentlichung bringt in einem textkritischen Apparat Streichungen, Ergänzungen u.ä. von Hegels Hand und stellt auch seine Randnotizen zusammen. Kern datiert im Anschluß an Hoffmeister die Übersetzung in Hegels Jenaer Zeit, um 1805, und nennt als Textvorlage die Basileensis tertia von 1550. Nach dem Zeugnis der Hegel-Schüler G.A. Gabler und K.L. Michelet hat Hegel seine wichtigsten Aufschlüsse über Aristoteles schon in der Jenaer Zeit vorgetragen und später im Winter-Semester 1820/21 in Berlin dieselbe Übersetzung verwendet (59-60). Kern vergleicht die Interpretation von *De an. III 4-5* in der frühen Übersetzung mit der in den späteren Vorlesungen und bemerkt gewisse Unterschiede in der Auffassung des leidenden und tätigen Nous. Als universale Naturprinzipien treten sie erst in den Vorlesungen hervor.

Möglichkeit, δύναμις, ist das keimhafte, wirkfähige Vermögen des Geistes für jede Entwicklung (Verweis auf die aristotelischen Beispiele mit Samen und Pflanze, Ei und Tier). Gleiche Bedeutung haben bei Hegel, je nach dem Kontext, die Materie, das abstrakte Allgemeine und das objektive Ansich. Sie sind jeweils Ausgangsstufe von zweckvoller Entwicklung des Geistes hin zu konkreter Wirksamkeit, ἐνέργεια.

3. Die Substanz der Naturdinge ist der sich entwickelnde Logos, Geist (veräußerlicht in die sinnliche Erscheinung, auf niederer Entwicklungsstufe als Seele; Verweis auf die Seele-Definition in *De an. II 1-2*, als οὐσία κατὰ τὸν λόγον). Der Zweck, τέλος, ἐντελέχεια, ist der Begriff als Ziel der zu sich zurückkehrenden Bewegung des Geistes. Die passive und aktive Vernunft (Nous) in Aristoteles' *De an. III 5* sind die zwei gegensätzlichen Seiten des Geistes als Objektivität, Natur, und als Subjektivität, oder als Ansich und Fürsich, Materie und Form, Dynamis und Energeia, abstraktes Allgemeines und konkretes Einzelnes.

4. In der νόησις νοήσεως von *Metaph. XII 9* sieht Hegel das vorweggenommen, was in seinem System die absolute Idee der in sich zurückkehrenden Bewegung und Selbsterkenntnis des Geistes ist, in seinem reinen Denken, in seinem An-und-für-sich.

Zu den vier Punkten läßt sich von Aristoteles' Philosophie aus folgendes entgegnen:

Zu 1. Die Aussage, daß das vernünftig Erkennende und Erkannte identisch sind (*De an. III,* 430a 4-5, vgl. a 19-20, 431b 22-23) besagt nicht, wie Hegel will, die Identität von Subjekt und Objekt (was nicht einmal bei der Selbsterkenntnis stimmt, weil das Subjekt mehr ist als sein Erkennen), sondern eine Identität in der Erkenntnisbeziehung zwischen Subjekt und und der abstrakten Form des Objekts, dem Objekt «ohne Materie» (430a 3; 431b 28 – 432a 3). Genau genommen, ist der Akt der Erkenntnis mit dem Akt der abstrakten (entmaterialisierten) Form im Subjekt identisch – und zwar sowohl bei der Vernunft- als auch bei der Sinneserkenntnis in bezug auf die sinnlichen und intelligiblen Formen –, während Subjekt und Objekt «dem Sein nach verschieden sind» (425b 26-27, 431b 28-432a 3; *Metaph. XII 9*, 1074b 36-38: οὐδὲ γὰρ ταὐτὸ τὸ εἶναι νοήσει καὶ νοουμένῳ). – Die Objekterkenntnis ist kein Teilvollzug der Selbsterkenntnis des Geistes, sondern diese ist abhängig von jener: Sie erfolgt nur «beiläufig» (*Metaph. XII 9*, 1074b 36), d.h. im Modus des die Objekterkenntnis begleitenden Mitwissens, modern gesprochen: des Subjekt-Bewußtseins; denn nur wenn die Vernunft an einem Objekt tätig ist, wird sie dann als tätige auch sich selbst aktuell intelligibel, d.h. erkennbar, 1072b 20-21. – Das Gemeinsame zwischen Subjekt und Objekt ist ihr Intelligibel-sein, wodurch jedes Ding für die Vernunft, und diese für sich selbst, erkennbar ist. Weil auch das materielle Ding etwas Intelligibles (νοητόν) hat, das als abstrahierte Form in der Vernunft (re)aktualisiert wird, kann, wie gesagt, zwischen ihm und der Vernunft im Erkenntnisakt eine identische Beziehung entstehen. – Ferner ist nach Aristoteles der Erkenntnisakt nicht die Substanz des Menschen, und ebensowenig ist der Begriff, das abstrakte Allgemeine, als Substanz eines Dinges zu betrachten (*Metaph. VII 13*). Von alledem nimmt Hegel keine Kenntnis.

Zu 2. Die Bewegung, Entwicklung der Naturdinge hat keine direkte Verbindung mit der «Bewegung», «Entwicklung» des Geistes, als ob sie deren äußere Erscheinung wäre, sondern steht nach Aristoteles nur in einer gewissen Analogie zu ihr. Wenn er von «Bewegung» und «Bewegt-werden» der Vernunft, besonders hinsichtlich ihrer Erkenntnis, spricht (z.B. *De an. III 4*, *Metaph. XII 7*, 1072a 30), so bezeichnet er den Übergang von einer ersten Aktualität, Entelechie, in eine zweite (analog wie bei der Sinneserkenntnis, s. *De an. II 5*), nicht jedoch den Übergang von einem bloß materialen Vermögen, bzw. der realen Möglichkeit, eines Dinges zu seiner ersten Aktualität. Die Vernunft ist ja, wie es *De an. III 5*, 430a 18 heißt, ihrem Wesen nach schon in Aktualität. Insofern ist ihre Entwicklung im Menschen vom Kind zum Erwachsenen (oder z.B. vom Lernenden zum Wissenschaftler, vgl. 417b 12-16; 429b 5-9), wie gesagt, der Übergang zu einer zweiten Aktualität, Entelechie, die sich in der Tätigkeit vollendet. Im Vergleich hierzu sind selbst schon erworbene, erlernte Haltungen der Seele (Tugenden, Wissenschaften u.a.) vor ihrer Betätigung noch eine Stufe erster Aktualität. Auch alle diskursive und dialektische Erkenntnis«bewegung» ist Vorstufe der vollendeten Vernunft-Erkenntnistätigkeit, der νόησις. Diese ist «mehr ein In-sich-Stehen als eine Bewegung», *De an. I 3*, 407a 32: ἡ νόησις ἔοικεν ἠρεμήσει τινὶ καὶ ἐπιστάσει μᾶλλον ἢ κινήσει.

Die echte reale Möglichkeit, zu werden und (tätig) zu sein oder nicht zu sein, die sich nach Aristoteles, jeweils in Verbindung mit einem materialen, passiven Prinzip, nicht nur bei den Sinnesdingen findet, sondern auch – in übertragener und analoger Bedeutung – bei der Vernunft (z.B. als Möglichkeit eines Erkenntnisaktes), läßt Hegel nicht zu ihrem Recht kommen. Stattdessen versteht er die δύναμις ebenso wie die ὕλη als aktives, wirkfähiges, keimhaftes Vermögen, welches zwar bei Aristoteles auch, aber in anderer Bedeutung, δύναμις heißt, nämlich als aktive Wirkursache, als Prinzip der Aktualität (z.B. im Samen, Keim), das der materialen Ursache als dem Prinzip der Potentialität, Möglichkeit, gegenübersteht (*Metaph. IX*). Für den Menschen als Lebewesen ist die Seele, wie auch die Vernunft als Prinzip in ihr, die Lebens- oder Wirkursache (zugleich Form- und Zweckursache) und Prinzip der Aktualität, nicht der Potentialität. Dies ist vielmehr der Leib. Dessenungeachtet hat die Seele ein sinnliches und vernünftiges Erkenntnisvermögen, die sich zum Objekt rezeptiv, «erleidend», verhalten und aus einem potentiellen zu einem aktuellen Erkennen übergehen müssen. Für diesen Übergang der (an sich) aktiven Vernunft erschließt Aristoteles sogar noch eine «passive Vernunft» als materiale Grundlage.

Wichtig ist ferner, daß die ἐνέργεια, Wirklichkeit, Tätigkeit, zu der die δύναμις, Möglichkeit, in Beziehung steht, nicht (wie bei Hegel) als Bewegung, Prozeß, betrachtet werden darf[57]. Aristoteles definiert die Bewegung durch die Begriffe der Möglichkeit und Wirklichkeit (*Phys. III*), nicht umgekehrt diese beiden durch den Begriff der Bewegung. Möglichkeit und Wirklichkeit sind, als zwei Weisen des Seienden, wie dieses nicht mehr definierbar, sondern nur «durch Analogie zusammenzuschauen» (*Metaph. IX 6*, 1048a 37). Der Gegensatz zwischen Aktualität und Bewegung ist vergleichbar dem zwischen seelischen (in sich stehenden) Tätigkeiten und den leibverbundenen Handlungen (ebd. b 18-36).

Zu 3. Die οὐσία κατὰ τὸν λόγον bedeutet zwar die Formursache eines Dinges «gemäß der Vernunft», und besagt, daß sie als solche von der Vernunft erkannt wird, nicht jedoch, daß im Ding Vernunft, in welcher Form auch immer, sei. (Dies wäre nicht mehr aristotelische, sondern stoische Lehre.) Entsprechendes gilt von der Zweckursache, die ja in den Naturdingen mit der Formursache zusammengeht. Allein beim Menschen ist die Formursache, seine Seele, vernünftig, wenn sie auch nicht selbst einfach Vernunft, Logos, ist (sondern außer diesem auch irrationale Vermögen hat).

Die Materieursache darf nicht mit dem abstrakten Allgemeinen (wie bei Hegel) zusammengenommen werden; denn das Allgemeine ist keine Substanz (*Metaph. VII 13*), wohl aber die Materie. Zudem ist diese an sich unbestimmt und unerkennbar (*VII 10*, 1036a 8). Zwar vergleicht Aristoteles an einer Stelle (*VII 12*, 1038a 5-8) das Verhältnis von Gattungs- und Differenzbegriff (in der Definition) mit dem von Materie und Form, weil die Gattung durch die Differenz bestimmt wird. Aber dies ist nur ein Analogievergleich, keine direkte Gleichsetzung der verglichenen Glieder. Im übrigen sind auch Differenz und Spezies Allgemeines, nicht nur die Gattung. Alle allgemeinen Begriffe der Definition haben ihr Fundament in der Formursache (die der Gattungsbegriff mehr in Verbindung zur Materie bezeichnet, dagegen der Differenzbegriff mehr in sich selbst).

---

57 An der Umdeutung der ἐνέργεια in Bewegung übt schon E. Coreth Kritik in seiner Untersuchung: *Das dialektische Sein in Hegels Logik*, (Diss.) Wien 1952, 138-157 (von Kern, 1971, 245, erwähnt).

Die passive und aktive Vernunft sind in *De an. III 5* eindeutig zwei Prinzipien der menschlichen Seele, nicht zwei Seiten einer Vernunft und werden mit zwei Prinzipien in jedem Naturding verglichen (430a 10: «wie in der ganzen Natur...»), der Materie- und Wirkursache. Im übrigen liegt nur ein Vergleich vor. Der Text verweist nicht auf eine Weltvernunft (wie Hegel verstehen möchte).

Zu 4. Die νόησις νοήσεως der göttlichen Vernunft, die von der menschlichen Vernunft verschieden ist (*Metaph. XII 9*, 1075a 7), ist nach Aristoteles ihrem Wesen nach reine Wirklichkeit (*6*, 1071b 22), einfache Substanz (*7*, 1072a 32) und somit ohne jede Potentialität, infolgedessen auch frei von jedem Entwicklungsprozeß, der immer mit Potentialität verbunden ist. Daher kann sie auch die in Entwicklung befindlichen Naturdinge nicht in sich enthalten, sondern ist deren transzendente («abgetrennte») Ursache.

Eine Zweiheit von Subjekt und Objekt und deren prozeßhafte Vermittlung zur Einheit tritt bei der göttlichen Noesis nicht auf. Subjekt und Objekt sind in ihr dasselbe. Jede Bewegung oder prozeßhafte Veränderung ist von ihr ausgeschlossen; sie wäre ein Zeichen des Unvollkommenen, widerspräche also der göttlichen Vollkommenheit (*Metaph. XII 9*, 1074b 25-27). Im übrigen geht in Hegels Interpretation die von Aristoteles (*IX 8*) herausgestellte Priorität der Energeia vor der Dynamis bzw. des Vollkommenen vor dem Unvollkommenen verloren. Jede Bewegung eines Potentiellen zur Aktualität setzt schon ein aktuelles Prinzip voraus und letztlich ein vollkommen aktuelles Prinzip.

Philosophiegeschichtlich gesehen, hat schon Plotin – durch peripatetische Vermittlung – die νόησις νοήσεως als Einheit einer Subjekt-Objekt-Zweiheit und ihre Selbsterkenntnis als Bewegung mißverstanden, womit er die hegelsche Auffassung vorbereitet. Wegen dieses Mißverständnisses übt Plotin Kritik an Aristoteles' Lehre der ersten, göttlichen Ursache, weil sie Zweiheit und Bewegung enthalte, und setzt sie deshalb in seinem System der drei Hypostasen auf die Stufe nur der zweiten Hypostase an, als Kosmos-Vernunft[58]. Hegels Aristoteles-Kenntnis ist von stoischen und neuplatonischen Fehlinterpretationen vermittelt, die sich bei ihm dann systembildend auswirken. Seine Auffassung von dem keimhaft wirkenden Begriff, Logos, in den Naturdingen hat eine Ähnlichkeit mit der stoischen von den λόγοι σπερματικοί. Weiter betrachtet Plotin, wie dann auch Hegel, jede Objekterkenntnis als Form einer Selbsterkenntnis der Kosmos-Vernunft.

---

58 Vgl. meinen Aufsatz: *Aristoteles' Lehre von der* νόησις νοήσεως *des ersten göttlichen Vernunftwesens in ihrer Darstellung bei Plotin*, in: Aristoteles – Werk und Wirkung (Festschr. P. Moraux, Peripatoi), Bd. 2, Berlin 1986, 157-176.

—

Wenden wir uns nun Hegels Übersetzung des aristotelischen Textes zu, so zeigt sich, daß sie grammatische Konstruktions- und Syntax-Fehler enthält, die auf mangelnde Kenntnis des Griechischen zurückgehen, auch wenn der nicht sehr gute Zustand der Baseler Handschrift (z.B. hinsichtlich der Interpunktion) Anlaß zu Fehlern geben konnte. Es bleibt der Eindruck, daß die Übersetzung und Interpretation des aristotelischen Textes stark von Hegels eigenem philosophischen System überlagert ist, was den ursprünglichen Textsinn bis zur Unkenntlichkeit verkehrt[59]. Im folgenden geben wir Hegels Übersetzung aus Kerns Veröffentlichung (a.a.O., 1961, 50-51) wieder, lassen aber aus Raumgründen Hegels Randnotizen und Kerns textkritischen Apparat weg. Hier zunächst die Übersetzung von *De an. III 4*, 429b 22 – 430a 9:

> «Man möchte aber fragen, wenn der Nus einfach ist, von außen nicht bestimmt, und nicht mit irgend etwas in Gemeinschaft steht, nach ANAX(AGORAS), wie ist das Denken möglich, da das Denken, ein Afficirt-(Bestimmt-)werden ist. Denn insofern Etwas ein gemeinsames von beyden (von zweyen) ist, so ist es nach einer Seite passiv, nach der anderen activ. – Überdem aber, da der Nus selbst ein denkbares Object ist; wie ist das Denken möglich?
>
> Insofern muß entweder der Nus auch dem Anderen (äußeren Gegenständen) inhäriren; – wenn er nicht auf eine andere Weise ein denkbares ist; aber das denkbare ist nur eines s(einem) Begriffe (Gattung, allgemeinen) nach. Oder wird er etwas Vermischtes haben, was ihn zu einem Denkbaren Gegenstande macht, wie die anderen Dinge. Oder ist er rein so findet nun die Passivität Statt nach der Gemeinschaftlichkeit, Allgemeinheit. Deßwegen ist vorhin bestimmt worden, daß der Nus der Möglichkeit (Potenz) nach das denkbare Object ist. aber in der Wirklichkeit ist er nichts, eh er denkt. Es muß daher nichts darauf seyn, wie auf einer Schreibtafel, auf der nichts der Wirklichkeit nach eingeschrieben ist; diß ist aber der Fall beym Nus. – Er selbst ist ferner auch ein denkbares Object, wie die denkbaren Objecte überhaupt; denn im Immateriellen, ist das Denken und das Gedachte dasselbe; wie denn die theoretische Wissenschaft und das Gewußte ein und dasselbe ist. – Die Ursache aber, daß nicht immer gedacht wird, ist zu untersuchen (betrachten). In dem Materiellen ist jedes nur der Möglichkeit nach eines der denkbaren, Gedachten; so daß der Nus ihnen nicht zukommt; denn der Nus ist die Möglichkeit derselben, aber ohne Materie. Ihm aber kommt es zu, ein denkbarer Gegenstand zu seyn.»

---

59 Ein Hegelexperte sagte mir hierzu: Aber es waren doch fruchtbare Irrtümer! – Sicherlich. Aber wenn schon die Irrtümer so fruchtbar sind, wieviel fruchtbarer müßte dann das wahre Verständnis des Aristotelestextes werden!

Die Übersetzung verändert den Textsinn zu Hegels eigener Auffassung des Geistes, welcher Passivität und Aktivität in sich enthält und in denkender Bewegung verbindet. Es ist hier nicht möglich, ins einzelne gehende Korrekturen durchzuführen. Wir beschränken uns auf einige Punkte. In dem wenn- und sofern-Satz, b 25-26, der eine Bedingung der ersten Aporie ausdrückt, ist Subjekt τι κοινόν, und ἀμφοῖν abhängiges Dativobjekt von ὑπάρχει. Mit ἀμφοῖν, «beiden», ist das Wirkende und das Erleidende gemeint. Das Erleidende ist der Nous (wie der wenn-Satz anzeigt), dementsprechend ist das Wirkende das Objekt, das vom Nous verschieden ist. Hegel macht das enklitische τι fälschlich zum selbständigen Subjekt («Etwas»), sowie κοινόν zum Prädikatsnomen, von dem ἀμφοῖν abhängen soll, und führt das τι als Subjekt («es») im Hauptsatz weiter, obwohl dieser zum Verbum δοκεῖ als Subjekte τὸ μὲν ... τὸ δὲ hat. Die beiden Glieder werden unstatthaft als Akkusative der Beziehung verstanden: «nach der einen Seite... nach der anderen Seite». Dadurch erhält der Text einen ganz veränderten (nunmehr hegelschen) Sinn: Der Geist wird zum Subjekt, der Wirken und Erleiden als zwei Seiten hat und das Gemeinsame beider ist. Tatsächlich stellt jedoch Aristoteles Geist (Nous) und Objekt einander gegenüber und fragt nach einem gemeinsamen Merkmal beider (das bei den Vorsokratikern die gemeinsamen Stoffelemente waren, für Aristoteles hingegen das Intelligibel-sein beider).

In b 26 fügt der Text die zweite Aporie als indirekten Fragesatz (mit ἔτι δ' εἰ) parataktisch an. Hegel ordnet ihn hypotaktisch unter, als Bedingung der ersten Aporie: «da der Nus selbst ein denkbares Object ist; wie ist das Denken möglich?» Damit ändert sich wieder der Textsinn, als ob schon die erste Aporie, als einzige Frage, von der Selbsterkenntnis des Geistes handelte. Ferner, Aristoteles legt die Aporie als Dilemma vor: entweder müßten die Dinge Vernunft haben, oder der Vernunft müßte etwas von den Dingen (d.h. deren Elemente) beigemischt sein – was beides unmöglich ist –, und geht dann (mit einem dritten «Oder», b 29) zu einer dritten Ansicht als der Lösung über. Hegel hingegen läßt die Lösung der Aporie nicht bei b 29 ἢ τὸ μὲν, sondern schon bei b 27 ἢ γὰρ τοῖς ἄλλοις νοῦς ὑπάρξει ... beginnen. Damit schreibt Hegel die Auffassung, daß die Dinge Nous hätten, die in der Aporie das eine Glied des Dilemmas bildet, dem Aristoteles zu. Ja, er sieht sie in Übereinstimmung mit seinem eigenen idealistischen Gedanken, daß alles Wirkliche vernünftig ist.

Zu b 29-30 hat Hegels Textvorlage vielleicht hinter κοινόν τι einen Punkt. Aus dem so entstehenden Satzfragment ἢ ... κοινόν τι macht Hegel einen selbständigen Satz und stellt noch einen Nebensatz mit dem Geist («er») voran, der nicht im Text steht: «Oder ist er rein» usw. Die weitere

Übersetzung verkehrt wieder den Inhalt. Die frühere Differenzierung des «Erleidens» im Erkennen (*De an. II 5*) geht verloren. Die undifferenzierte «Passivität» des Nous legt die (falsche) Verbindung mit dem passiven Nous von *III 5* nahe. Das κοινόν τι wird nicht in Zusammenhang mit dem τι κοινόν, b 25, gesehen (d.h. mit dem Intelligibel-sein), sondern als «Allgemeinheit» gedeutet[60] und unaristotelisch mit der «Passivität» gleichgestellt. Die Auslassung des οὕτως, 430a 5, begünstigt Hegels Auffassung, daß «das Gewußte», als das reale Ding, mit der Vernunft identisch sei, gegenüber der aristotelischen Auffassung, daß die Vernunft und «das so Gewußte», d.h. in seiner abstrahierten Form, identisch sind. – Fahren wir fort mit Hegels Übersetzung von *Kap. 5*:

> «Da aber Wie in aller Natur, etwas ist, theils die Materie jedes Geschlechts; (diese ist das, was potentia jenes alles ist) theils aber das Ursachliche und Thätige, (was der Activität nach Alles ist) so etwas wie die Kunst sich zur Materie verhält, so müssen auch in der Seele diese Unterschiede Statt finden. So nun ist der Nus beschaffen einerseits dadurch, daß er alles wird, andererseits daß er alles macht, als ein thätiges Wesen; wie das Licht; denn auf eine gewisse Weise macht auch das Licht die nur der Potenz nach seyende Farben zu actu Farben; Und diß ist der Nus, nemlich der abstracte und unvermischte und nicht von anderem bestimmbare, der seiner Substanz nach actu ist. denn das Active ist durchaus vortrefflicher als das Passive, und das Prinzip als die Materie.
>
> Das Wissen, das actu Wissen ist, ist dasselbe mit der Sache; das Wissen, das aber nur potentia ist, ist der Zeit nach früher in dem Einzelnen; überhaupt aber auch nicht der Zeit nach; man kann nicht von ihm absolut betrachtet sagen, daß er das einemal denke, das andremal nicht. Aber nur abstract ist er das, was er ist; und nur dieses ist unsterblich und ewig wir haben aber kein Bewußtseyn, daß dieser von anderem unbestimmbar ist, der bestimmbare Nus aber ist vergänglich und denkt ohne diesen nichts.»

In dieser Übersetzung verschiebt sich der Textsinn wieder zu Hegels eigener Auffassung hin, wonach der Geist die Naturdinge selbst (nicht nur ihre intelligiblen Formen) in Möglichkeit und Wirklichkeit ist und den leidenden und tätigen Nous wie zwei innere Momente, als Passivität und Aktivität, in sich schließt. Man beachte z.B. zu Zeile 430a 12, daß der tätige Nous «alles (Intelligible) bewirkt», die abweichende Übersetzung: «das... Thätige, was der Activität nach alles ist». Auch bei a 14-15 macht Hegel den zweifachen,

---

60 Will man den Ausdruck, ohne Bezug auf b 25, in der Bedeutung «nach etwas Allgemeinem» verstehen, so dürfte er eher dies besagen, daß die Bestimmung des «Erleidens» des Sinnesvermögens, in *De an. II 5*, von allgemeiner Bedeutung ist und d.h. analog auch auf die Vernunft zutrifft. Eine solche Interpretation versuchte ich in der Studie: Der Begriff des Intellekts bei Aristoteles, 105-106.

leidenden und tätigen Nous zu zwei Seiten des einen Geistes: «der Nus ... einerseits ... andererseits».

Die Ausdrücke a 17 und 22 χωριστός und χωρισθείς, welche die Abtrennbarkeit des tätigen Nous vom passiven sowie vom Leib (vgl. o. 429a 11, b 5) und den Eintritt der Abtrennung beim Tode bezeichnen – wobei sich der tätige Nous als unsterblich erweist –, werden von Hegel nicht in dieser Bedeutung erfaßt, sondern mit «abstract» übersetzt und so mit einem ganz anderen Problemaspekt belegt, der das Verhältnis des Konkreten und Abstrakten betrifft. Ebenso wird der Inhalt der letzten Sätze, a 23-25, nicht getroffen: Sie sprechen von dem abgetrennten Zustand des tätigen Nous (nach dem Tode), wo «wir keine Erinnerung (mehr) haben, weil (ὅτι) der tätige Nous zwar (μὲν...) leidensunfähig, der passive aber (δὲ) vergänglich ist». «Und ohne diesen (= den passiven Nous) erkennt er (= der tätige) nichts». Hegel übersetzt statt «Erinnerung»: «Bewußtseyn», und mißversteht das ὅτι als «daß» (statt als «weil»): als ob wir kein Bewußtsein davon hätten, daß unser (tätiger) Nous leidensunfähig sei (was nicht stimmt; denn der Nous, gerade sofern er erkennend tätig ist, erkennt auch sich selbst, 429b 9, und tätig ist er besonders als «abgetrennter»). Ferner beachtet Hegel nicht die Partikeln μὲν ... δὲ und zieht das Satzglied: «der passive Nus aber vergänglich», das dem begründenden ὅτι untergeordnet ist, zum folgenden Hauptsatz: «Und ohne diesen erkennt er nichts», der nun fälschlich den passiven Nous als Subjekt erhält. Er übersetzt: «der bestimmbare Nus aber ist vergänglich und denkt ohne ihn nichts» (was wiederum inhaltlich nicht stimmt; denn nicht denkt der passive Nous mit dem tätigen, sondern der tätige mit dem passiven). Das «ohne diesen» bezieht sich eindeutig auf den unmittelbar vorher genannten «passiven Nous», und Subjekt des letzten Satzes ist dasselbe wie im vorangegangenen Hauptsatz: der tätige Nous. Dieser erkennt ohne den passiven Nous nichts, soweit es von Erinnerung abhängige Erkenntnis betrifft.

Mit der in der Übersetzung enthaltenen Interpretation von *De anima* stimmt Hegels spätere im wesentlichen überein, die er in den Vorlesungen im Aristoteles-Kapitel (3. Philosophie des Geistes, a. Psychologie) gibt. Man vergleiche auch die Untersuchungen von W. Kern hierzu.

—

In der Abhandlung: *Hegel's Critique of Aristotle's Philosophy of Mind* (Den Haag 1961), folgt F.G. Weiss in vielen Punkten Hegels Interpretation der zwei aristotelischen Lehren von Potenz und Akt sowie von der Seele und stellt mehr Übereinstimmendes zwischen Aristoteles und Hegel fest als der Titel der Abhandlung vermuten läßt, so z.B. zum ersten Lehrstück: «The

Hegelian triadic movement of the dialectic has its deepest roots in the potency-act-principle of Aristotle» (24-25). Es verhält sich doch vielmehr so, daß Hegel in die Potenz-Akt-Lehre die dialektische Triade hineingelesen hat; denn die Dialektik ist nur eine sehr spezielle Form von «Bewegung», nämlich im Bereich der Erkenntnis, die im dialektischen Gegeneinander der Meinungen noch nicht zu ihrer Vollendung, d.h. zur vollen Aktualität gelangt ist.

Was Aristoteles' Lehre von der Seele betrifft, so wird z.B. seine Darlegung, daß der Wahrnehmungssinn vom Objekt bestimmt wird wie das Potentielle vom Aktuellen, in hegelscher Weise umgedeutet, daß der Sinn Aktivität sei und «that it is this very perception which determines the activity of the objects» (26). Wahrnehmung wäre hiernach kein Erleiden, sondern Aktivität; Subjekt und Objekt wären zwei «potencies», die im Akt des Bewußtseins eins würden (34). An der berühmten Stelle 431b 20 – 432a 3, daß «die Seele in gewisser Weise alles Seiende ist», folgt Weiss wieder der hegelschen Deutung: «That "the soul is in a sense all existing things" is in perfect accord with Hegel's notion also, to say that "what exists is either the sensible or the intelligible" is to affirm what we have been saying all along, namely, that existence is in some sense subject to the activity of sense and thought» (46). Hegels Kritik an Aristoteles liegt dann darin, daß dieser den Potenz-Begriff noch nicht zur äußersten Konsequenz vorangetrieben und zur «Quelle aller Aktualität im Geist» gemacht habe (48 ff.).

Weiter auf diese interessante Abhandlung einzugehen ist hier nicht möglich. Sicherlich ist richtig, daß bei der Erkenntnis das Sinnes- und Vernunftvermögen eine aktive Leistung vollziehen, nämlich den Erkenntnisgehalt aus dem konkreten Objekt zu abstrahieren und sich in einer «Form ohne die Materie» anzueignen. Aber nichts destoweniger werden die Vermögen vom Objekt bestimmt, erfahren («erleiden») etwas von ihm. Dies ist der klassische Realismus gegenüber dem modernen Idealismus.

VI) Die Finalität der Natur in Aristoteles' *De generatione animalium*

1) Inhaltsanalysen

a) Die Einleitung von *De gener. animalium, 715a 1-13*

Aristoteles' *De generatione animalium (GA)*[61] folgt, wie sich aus den Rückverweisen ersehen läßt, seinen anderen naturkundlichen Schriften: *De historia animalium* und *De partibus animalium*, denen wiederum *De caelo*, *De generatione et corruptione* und *Meteorologica* vorhergehen, und schließt sie ab. Insofern kommt ihr besondere Bedeutung zu. Eine genauere Kenntnis dieser Schriften dient auch dem besseren Verständnis der aristotelischen Philosophie im allgemeinen, wie W. Thompson richtig bemerkt hat (*The Works of Aristotle,* vol. IV, Oxford 1910, S. VII): «that we might legitimately proceed to interpret Aristotle's more strictly philosophical work in the light of his work in natural history».

Die Untersuchung *GA* der Enstehung (Erzeugung und Entwicklung) der Lebewesen steht unter dem Gesichtspunkt der Zweckmäßigkeit, die in der gesamten Natur waltet: «Die Seele ist besser als der Körper, das Beseelte besser als das Unbeseelte, das Sein besser als das Nichtsein, das Leben besser als das Nichtleben», *II 1,* 731b 28-31. Der «Zweck» der von Lebewesen ausgehenden Erzeugung ist die Hervorbringung neuer Lebewesen der gleichen Art. Er verbindet sich als Zweckursache mit der «ersten Bewegungsursache», der Seele des Erzeugers gemäß ihrem Zeugungsvermögen. Dieses ist mit dem vegetativen Vermögen identisch, das Nahrungsassimilation sowie Wachstum bewirkt und unter der Artform, dem Logos, der gesamten Seele (qua Formursache) steht, 734b 20.

Das die Untersuchung leitende Prinzip ist das des Vorranges des Seins bzw. der Substanz vor dem Werden, der Entstehung der Dinge, welches schon zu Beginn von *De partibus animalium* herausgestellt wird, im Zuge methodologischer Überlegungen, *Buch I, Kap. 1.* Auf dieses Methoden-Kapitel gehen wir hier kurz ein. Es erörtert zwei Aporien: a) ob man die Untersuchung zuerst generisch allgemein und dann über ihre einzelnen Gegenstände führen soll, oder zuerst über das einzelne, 639b 3. Die Aporie wird zugunsten des einzelnen entschieden, das immer zuerst untersucht

61 Das vorliegende Kapitel faßt Teile meiner unveröffentlichten Dissertation (München 1965) in einer überarbeiteten Form zusammen: *Das Verhältnis der causa efficiens zur causa finalis in Aristoteles' Schrift "De generatione animalium".*

werden soll, 640a 13 ff. Ein Nachklang hiervon findet sich zu Beginn von *GA*, der so lautet: «Da sowohl im allgemeinen und im einzelnen, gesondert über die Eigenschaften (der Lebewesen) gesprochen worden ist...» b) Die andere Aporie lautet: «Da wir mehrerer Ursachen über die natürliche Entstehung (der Lebewesen) ansichtig werden, wie des Worum-willen (= des Zweckes) und des Woher für den Anfang der Bewegung (= der Bewegungsursache), so muß man hierüber bestimmen, welche von Natur die erste und die zweite ist», 639a 11. Die Aporie wird zugunsten der Zweckursache entschieden und der mit ihr verbundenen Formursache, 639a 15 ff. Begründet wird diese Ansicht mit dem Vorrang des Seins bzw. der Substanz vor dem Werden: «Die Entstehung ist nämlich um der Substanz/des Wesens willen, nicht jedoch die Substanz um der Entstehung willen», 640a 18. Ebenso wie dann in *GA* übt Aristoteles an den Vorsokratikern Kritik, die er mit dem Sammelbegriff «die Früheren» oder «die Alten» nennt (640a 4 et passim), weil sie die Formbildung in der Entstehung der Lebewesen nur aus Materie- und Bewegungsursachen erklären, wobei die letzteren noch keine spezifisch psychischen Bewegungsursachen sind, sondern physisch-materielle Faktoren (der Wärme und Feuchte). Die beiden Aporien hängen durch den ursächlichen Gesichtspunkt zusammen – wissenschaftliche Erkenntnis ist ja immer aitiologisch –, so daß es in der «generisch allgemeinen» Betrachtungsweise die Ursachen selbst sind, die Gegenstand der wissenschaftlichen Betrachutng werden. Die naturphilosophische Untersuchung, die hier die eigentlich wissenschaftliche ist, geht methodisch von Einzelgegenständen aus (z.B. Mensch, Pferd, Schlange, Fisch) und untersucht ihre speziellen Eigenschaften (z.B. die je verschiedene Lage der Geschlechtsorgane bei diesen Lebewesen), um daraus dann allgemeine Rückschlüsse auf die Ursachen zu ziehen, die einerseits materielle und physisch bewegende sind, andererseits die des jeweils relativ besten Zweckes, der – unter den mehr oder weniger günstigen materiellen Bedingungen – noch erreicht wird (Näheres s. u.).

Gehen wir nun über zum Beginn von *GA*, *Buch I*, *Kap. 1*, der das Thema angibt, die Entstehung der Lebewesen, und die erforderliche Aufgabe bestimmt, nämlich die Zeugungsteile bei ihnen zu untersuchen; denn sie dienen ihrer Entstehung. Da die Untersuchung auf die Ursachen zurückgehen wird – die Entstehung erfordert zumindest eine Bewegungsursache –, werden schon zu Beginn die vier (in den Physica herausgearbeiteten) Ursachen eingeführt: die Zweck- und Formursache, Materie- und Bewegungsursache. Dieselbe Aufzählung finden wir auch zu Beginn von *Buch V 1*, wobei wieder die Zweck- und Formursache an erster Stelle genannt werden, offenbar wegen ihrer besonderen Bedeutung für die Naturbetrachtung. (Dem entspricht der erwähnte wichtige Vorrang des Seins vor dem Werden.) Es wird sich zeigen, daß die Zeugungsglieder, wie auch das Sperma, trotz ihrer unterschiedlichen Formen bei den verschiedenen Lebewesen doch immer «Organe» für eine (psychische) Bewegungs-/Wirk- und Zweckursache sind.

b) *Buch I* von *De gener. animalium*

Das Männliche und Weibliche sind die Entstehungsprinzipien (ἀρχαὶ τῆς γενέσεως). Das Weibliche wird als Materieursache verstanden, das Männliche als Wirk- oder Bewegungsursache. Dabei dienen dem Männlichen Hoden und Schamglied, Testikel und Penis, als Organe, dem Weiblichen aber der Uterus.

Das gesamte Tierreich teilt Aristoteles nach dem Vorhandensein bzw. Nichtvorhandensein dieser Organe ein, ferner nach dem «Blut-führen» bzw. «Blutlos-sein», sowie Ortsbewegung-haben und Ortsbewegung-nicht-haben. Diese Merkmale führt er auf die Körperwärme der Lebewesen zurück, die in der Rangfolge der Lebewesen, von den höheren (vollkommeneren) zu den niederen (unvollkommenen) kontinuierlich abnimmt (s.u. *Buch II*). Die Blutführenden sind wärmer als die Blutlosen. Auch die Körperbewegung ist indirekt von der Körperwärme abhängig, da sie eine Mindestgröße erfordert, diese sich aber nicht ohne Wärme ausbildet, 732a 16 ff.

Zum besseren Verständnis muß man eine Stelle in *Buch II 1*, 732a 12-23, heranziehen, ferner das danach Folgende (bis 733b 23). Dort wird auf die in der Natur wirkenden Prinzipien des Warmen und Feuchten hingewiesen, nach deren mehr oder weniger ausreichendem Vorhandensein sich die Entstehung der Tiere aller Arten kontinuierlich (ἐφεξῆς, 733a 33) zum Unvollkommenen hin abstuft. Nach ihnen kann man den Vollkommenheitsgrad des Lebendigen angeben.

	bei Feuchtigkeit	bei Trockenheit
bei Wärme	1. Lebewesen Gebärende	2. (vollkomm.) Eierlegende
bei Kälte	3. Eierlegende und Lebewesen Gebärende	4. (unvollkomm.) Eierlegende

Wärme und Feuchte treten hier wie Wirkursachen auf, sind aber näher gesehen nur materielle Wirkfaktoren, die im Dienst der Seele als der eigentlichen Wirkursache stehen.

In der Einteilung des Tierreiches, *GA Buch I*, nach der jeweiligen Lage der Geschlechtsorgane ergibt sich wieder eine Anordnung, die das kontinuierliche Absteigen zum Unvollkommenen hin, parallel zur kontinuierlichen Wärmeabnahme, erkennen läßt.

Uterus unten	Uterus unten u. hinten	Uterus unten	Uterus hinten
nach außen Lebewesen Gebärende	innen Lebewesen Gebärende	innen vollk. Eier Bildende	unvollk. Eier außen Legende
(Säuger: Mensch, Pferd)	(Selachier)	(Vögel)	(Fische)

Für den Uterus ist «unten» seine natürliche Lage, 718b 27, in der er sich bei den vollkommenen Lebewesen, wie dem Menschen, befindet. Aber er findet sich auch auf unvollkommener Stufe bei den Fischen wieder! Hier liegt jedoch der Grund in einer Notwendigkeit. Ebenso ist die häufige Erzeugung und der Samenreichtum zwar sonst ein Kennzeichen der Lebenskraft, bei den Fischen aber ein solches der Schwäche (vgl. 726a 10), d.h. des Wärmemangels. Die Fische vermögen nämlich nicht die ganze Nahrung zu assimilieren, wozu innere Wärme erforderlich ist, sondern geben einen Großteil der nicht assimilierten Nahrung als unvollkommenen Eiersamen wieder ab (718b 15).

Bei den Vögeln reicht die Wärme nur bis zu einem bestimmten Stadium der Embryonalentwicklung aus. Erst bei den vollkommeneren Lebewesen, wie den Säugetieren, gelangt diese zum Abschluß. Die Natur des Vogels schlägt von dem ihr erreichbaren Stadium ab einen «Umweg» ein. Sie entläßt den halbfertigen Embryo nach außen, kleidet ihn aber in eine Schutzhülle, zu deren Herstellung sie allerdings auch wieder Wärme benötigt. So muß sie denn den Uterus an die wämste Stelle im Tier, zum Herzen zu, verlegen (718b 200 ff.). Die Selachier, die zwar mehr Wärme als die Vögel, aber weniger als die vollkommenen Säugetiere haben, nehmen zwischen beiden Tierklassen eine Zwischenstellung ein. Deshalb kann ihre Natur, anders als die Fische, die Eier noch im Uterus ausbrüten, ohne der äußeren Wärme zu bedürfen.

Die Einteilung des Tierreiches nach der Lage der Hoden, 716b 13 – 718a 34, ist im Zusammenhang mit der Unterscheidung des Notwendigen und des Besseren, die in *Buch II 1* vollzogen wird, zu behandeln. Es ergibt sich aber jetzt schon ein wichtiges Ökonomie-Prinzip der Natur, daß sie nämlich aus den jeweils vorhandenen materiellen Mitteln – hier besonders der mehr oder weniger verfügbaren Wärme – das relativ Beste macht, um den Zweck der Erzeugung und Erhaltung der Lebewesen zu erreichen.

Mit der ausführlichen Untersuchung des Sperma will der Philosoph seine Ansicht vom Männlichen und Weiblichen als dem Wirk- und Materieprinzip des Lebendigen erhärten. Er vollzieht dies in zwei Schritten,

1. durch systematische Fragen und ihre – z.T. empirisch gefundenen – Lösungen,

2. durch eine «naturwissenschaftliche» (man möchte sagen: «chemische») Erschließung des Sperma-Stoffes.

Zu 1. Die Untersuchung wird in kritischer Abwehr der Zeugungstheorie der «Früheren» geführt, besonders des Hippokrates, der den Embryo dadurch entstehen läßt, daß seine Teile von beiden Eltern her im Uterus zusammenfließen, und diese Ansicht mit der Ähnlichkeit der Kinder mit ihren Eltern begründet. Der Stagirite entgegnet dem durch die Erörterung dreier Fragen: a] ob alle männlichen Tiere Spermaflüssigkeit abscheiden oder nicht. Die Antwort ist negativ. So geben z.B. viele Insekten-Männchen keine Samenflüssigkeit ab, vielmehr senkt das Weibchen in sie einen Körperteil ein. b] Eine andere Frage ist die, ob die weiblichen Lebewesen ein Sperma beitragen, und wenn nicht, ob auch nichts anderes, oder wenn doch, dann aber kein Sperma. Die Antwort, die zu dem Ergebnis führen wird, daß das Weibliche einen anderen Zeugungsstoff beiträgt als das Männliche, erreicht Aristoteles indirekt über die Lösung einer dritten Frage, c] ob das Sperma vom ganzen Körper herkommt oder nicht. Wenn es nicht von allen Körperteilen der Eltern kommt, um den Embryo zu bilden, so braucht es auch überhaupt nur von einem Elter zu kommen, nämlich vom männlichen (724a 8 ff.). Es geht also um die vorsokratische Erklärung der Ähnlichkeit der Kinder mit den Eltern. Aristoteles widerlegt sie durch seine Lösung der dritten Frage, die uns zugleich auch einen Einblick in seine Theorie der Ontogenese gibt. Sie erfolgt so: Erstens kommt das Sperma nicht von den «gleichteiligen» Körperteilen; denn die Ähnlichkeit zwischen Kindern und Eltern ist vielmehr eine solche der «ungleichteiligen» Körperteile (z.B. Hand, Gesicht). Zweitens kommt das Sperma aber auch nicht von den «ungleichteiligen»; denn es müßte doch aus den «gleichteiligen» (Fleisch, Knochen u.ä.) entspringen, aus denen die «ungleichteiligen» Körperteile gebildet sind. Damit ist die Unzulänglichkeit in der Zeugungstheorie der Vorsokratiker aufgedeckt: Sie erklärt nicht das Entstehen der embryonalen Formen, sie ignoriert das Formprinzip, das bei der Bildung, «Zusammensetzung», der ungleichteiligen Körperteile aus den gleichteiligen wirkt. Drittens: Dagegen würde auch die Annahme der Möglichkeit nichts helfen, daß das Sperma von beiden Teilen, den gleich- und ungleichteiligen käme, da dann der Embryo aus den gleichteiligen Körperteilen der Eltern, den ungleichteiligen und den Zusammensetzungen aus beiden gebildet würde (722a 28 ff.).

Zu 2. Auch die empirische («chemische») Untersuchung des Sperma und der Katamenia (Monatsblutung, 724a 14 – 729a 32) zielt auf den Nachweis ab, daß beide Zeugungsflüssigkeiten von verschiedener Natur sind. Die

Untersuchung richtet die Aufmerksamkeit vor allem auf die Garkochung der Nahrung im männlichen und weiblichen Körper. Aristoteles betrachtet nämlich die Körperbildung des Embryos und die Nahrungsassimilation (Stoffwechsel) im Körper des Erwachsenen als gleichwertige, parallele Prozesse. Ihre Ursachen sind dieselben, wie ja auch die Zeugung von dem vegetativen Seelenprinzip bewirkt wird (und nicht etwa von einem davon verschiedenen Zeugungsprinzip). Nun unterscheiden sich Sperma und Katamenia voneinander dadurch, daß sie zwei verschiedene Garkochungsstufen des Blutes – der «letzten Nahrung», d.h. des letzten Stadiums der gargekochten Nahrung – darstellen, wobei die Katamenia noch etwas blutartig sind, das Sperma hingegen nur noch Wasser – gemischt mit Pneuma (warmer Luft) – ist, also etwas, was sich nicht mehr weiter verkochen läßt[62]. Sperma und Katamenia sind somit «Rückstände» der verarbeiteten Nahrung, d.h. sie sind nicht mehr Nahrung, aber auch noch nicht assimilierte erste Körpersubstanz, die «gleichteiligen» Körperteile. Sie sind nur bereit, zu allen Körperteilen hinzuwandern. Damit kehrt sich die Zeugungstheorie der «Früheren» in gewisser Weise um (725a 22 f.): Der Zeugungsstoff kommt nicht von allen Körperteilen, sondern ist vielmehr bereit, zu ihnen transportiert zu werden. Nicht entsteht «Eines aus allem», sondern umgekehrt «alles aus Einem» (723a 6, ebenso 729a 3).

Wie die systematische Erörterung, so wirft auch die vorliegende empirische, an einer wichtigen Stelle (726b 15 ff.), die Frage nach der Formursache auf, wobei sie auf die Frage der ersten Eröterung über die Ähnlichkeit zwischen Kindern und Eltern zurückkommt. Da nämlich der Zeugungsstoff etwas ist, was bereitsteht, zu allen Körperteilen (der Eltern) hinzuwandern (wenn er nicht im Zeugungsakt abgeschieden wird), erklärt sich, daß er im Falle der Fötation zusammenfließend einen Embryo bildet, dessen Körperteile einmal denen der Eltern gleichen werden. Aristoteles gelangt zu dem Ergebnis, daß das Sperma jeder der Körperteile für den Embryo «potentiell» ist, was diese im Erzeuger schon «aktuell» sind. Daß sie aber auch im Embryo zu aktuellen Körperteilen werden, dies wird das Werk der Form-Bewegungs-Zweckursache sein. Das Ergebnis bedeutet, daß sie vom Sperma

62 Man beachte, daß die Katamenia hier – wie auch sonst – nicht als die Monatsblutungen zu verstehen sind, sondern als der materielle Beitrag des weiblichen Elters zur Embryobildung. Die Monatsblutungen selbst sind eine Rückbildung der Katamenia (in der letztgenannten Bedeutung) zu Blut, 738a 23, aufgrund einer witterungsbedingten Abkühlung. Diese ist immer zur Zeit des Neumondes gegeben, wie andererseits mit der Sonneneinwirkung eine Erwärmung der Katamenia erfolgen kann. Vielleicht bedeutet dies der vieldiskutierte Zusatz «und die Sonne» in der Aussage: «Der Mensch erzeugt einen Menschen, und ebenso auch die Sonne», *Phys.* 994b 13, *Metaph.* 1071a 13; vgl. auch *GA* 716a 17.

beigetragen wird. Der weibliche Zeugungsstoff hingegen trägt die Materieursache bei. Aristoteles präzisiert dann dieses Ergebnis dahingehend, daß das Sperma nur die Wirkursache beibringe, jedoch keine Materie für den Embryo. Der Sachverhalt wird mit dem Beispiel des Techniten verdeutlicht: Dieser geht auch nicht als ein materieller Teil in sein Kunstwerk ein, vielmehr geht nur die von ihm beabsichtigte Form in es ein, und zwar mittels der vom Techniten ausgehenden Bewegung (730b 14). Und wie er sich bestimmter Organe bedient (z.B. der Hände), so die Natur der Zeugungsstoffe (730b 19).

Das Sperma ist also Organ der Form-Bewegungs-Zweckursache. Instrumentell bewegendes Agens ist die Wärme im Dienste dieser seelischen Ursache.

c) Zu *Buch II* von *De gener. animalium*

Wenden wir uns in *Buch II* zuerst dem Abschnitt 731b 18 – 732a 12 zu, der den Begriff der «Seele» (ψυχή) und des «Lebens» (τὸ ζῆν) einführt, hinsichtlich der Bewegungs- und Formursache[63]; denn sie ist die Form, unter der sich das Lebewesen entwickelt und lebt. Hinzu kommt nun auch die Zwekkursache, und zwar unter dem Gesichtspunkt des «Besseren», «Göttlicheren», im Vergleich zur Materie, 732a 4 ff. Wie, ontologisch gesehen, jedes lebende Seiende aus Materie- und Formursache konstituiert ist, so auch jedes Lebewesen, wobei dem Weiblichen bei der Zeugung die Materie–, dem Männlichen die Formursache zukommt. In der aufsteigenden Stufenordnung des Lebendigen beobachtet Aristoteles eine zunehmende Verselbständigung (Abtrennung 732a 6) der Formursache gegenüber der Materie, bis hinauf zu Gott, der Formursache als reiner Akt ist[64].

Mit dieser Aufwärtsentwicklung verbindet sich in der Natur der kontinuierliche Fortschritt eines Naturzweckes: die Steigerung des Lebens zu immer intensiverem Innesein, in einer zunehmenden Fürsorge für die Nach-

---

63 Beide hängen eng zusammen: Von der «ersten Bewegungsursache» heißt es, daß ihr «der Logos und die Form zugrunde liegt». Das Hendiadyoin «der Logos und die Form» drückt aus, daß die Formursache begrifflich ist, d.h. begrifflich erkannt werden kann. Häufig findet sich bei Aristoteles auch der Ausdruck: «die Form gemäß dem Logos».

64 Die Loslösung des männlichen Prinzips vom weiblichen nimmt, vom Pflanzenreich, wo Männliches und Weibliches zwitterhaft vereint sind, angefangen, über die niederen und höheren Tierklassen bis hinauf zu den vollkommenen Lebewesen, schließlich den Menschen, kontinuierlich zu. Während z.B. bei den Fischen und Insekten die Männchen von den Weibchen noch nicht sonderlich unterschieden sind (Aristoteles schenkt ihnen deshalb in *GA* weniger Aufmerksamkeit), haben sie sich bei den Säugern ganz individualisiert, und besonders beim Menschen, so daß nun dem männlichen Elter der entscheidende Anteil an der Zeugung zukommt.

kommen und «Besonnenheit» schon bei den höher entwickelten Tieren, sowie dann schließlich besonders beim Menschen, der ein Leben der Erkenntnis und Wissenschaft entfaltet.

Ausgehend von der Annahme, daß nur das männliche das Bewegungs-Prinzip, das die «sensitive Seele» enthält, zum entstehenden Embryo beiträgt, löst Aristoteles die Aporie auf (*II 5*), weshalb die Frau nicht selbst erzeuge und gebäre; denn sie habe ja außer den Katamenia, dem fötalen Stoff, auch eine erste Bewegungsursache, eine sensitive Seele, durch die sie dem in ihrem Uterus sich bildenden Fötus auch empfindendes Leben mitteilen könnte. Dies ist zwar richtig, doch muß die erste Bewegungsursache in der Frau als «männlich» angesehen werden, gleichsam als ihr «väterliches Erbteil». Das männliche Bewegungs-Prinzip gelangt nur im Manne zur vollen Herrschaft, in der Frau dagegen nicht. Sie ist gleichsam ein verkürzter Mann (737a 28, 775a 16).

Die in *GA II 1* eingeführte Zweckbetrachtung hat einen metaphysischen, transzendenten Aspekt: Der Zweck der Naturdinge, der sich in ihrer gestuften Höherentwicklung offenbart, bemißt sich nach einem höchsten Zweck bzw. Guten (dem Ewigen, Göttlichen, 731b 25). Je mehr jedes Naturding am Ewigen (platonisch ausgedrückt: an der Unsterblichkeit) teilhat, desto vollkommener ist es, wobei das Besser, der Zweck, nicht durch das Individuum, sondern durch die Spezies angestrebt wird (b 32).

Dem Besseren steht das Notwendige entgegen. Die Verwirklichung der Form ist auch an notwendige Bedingungen geknüpft, als condicio sine qua non (griechisch: οὐκ ἄνευ). Sie liegen in der Materie und der an sie gebundenen lebensnotwendigen Wärme. Von dem Gegensatz des Besseren und des Notwendigen handelt der Philosoph auch im Methoden-Kapitel in *De part. anim.* und verwendet von den verschiedenen Bedeutungen des Notwendigen für die Biologie die der unausweichlichen Bedingung, die er auch «Notwendigkeit aus Voraussetzung» nennt. Als Beispiel wird die Nahrung angeführt, die für Existenz und Wachstum der Lebewesen notwendige Bedingung ist. In *GA* finden sich viele Stellen, die nach einer Angabe der Materie- und Bewegungsursache auch noch eine solche der Form- und Zwekursache angeben (z.B. 732b 28 ff., 743b 4 ff., 755a 22 ff., 771a 15 ff., 776b 33 ff. und *V 1*).

Die Hoden (*GA I 4*), die nach Aristoteles keine Samenbehälter sind, sondern an den Samengängen wie Gewichte hängen, sind keine Notwendigkeit, sondern dienen einem Zweck, nämlich die Samengänge windungsreich zu machen und so ein schnelles Abfließen der Samenflüssigkeit zu verhindern. Damit wird etwas Besseres bewirkt, weil der Samen dort, wo er zurückbehalten werden kann, zur Körpervergrößerung verwendet wird. Dem

Besseren kann aber ein Notwendiges entgegenstehen, z.B. das der schnellen Kopulation (so beim Igel und bei allen Fischen), oder das einer so und so beschaffenen Körperform, die keinen geeigneten Platz für herabhängende Hoden läßt (so bei den Vögeln).

Außer dem transzendenten, metaphysischen Zweck gibt es den immanenten Zweck in den Lebewesen, der besonders in *Buch II, Kap. 6* (742a 16 ff.), hervortritt. Das Kapitel geht von der Frage aus, in welcher Reihenfolge die Körperteile entstehen, und bestimmt sie vom immanenten Endzweck her. Es wird hierbei zwischen Zweck (οὗ ἕνεκα) und Mitteln (τούτου ἕνεκα) unterschieden, und bei den letzteren, welche die Körperteile sind, wieder zwischen den der Zeugung (und damit der Bewegungsursache) dienlichen Teilen (γεννητικά) und den Organen im engeren Sinne (ὀργανικά). Ist die Substanz des Embryos erst einmal ins Dasein getreten, so entwickelt sie sich selbst aus der Möglichkeit (Potenz) in die Wirklichkeit (Akt), wobei die Form-Bewegungs-Zweckursache die embryonale Entwicklung, die hier in ihren einzelnen Phasen von uns nicht nachzuzeichnen ist, zu sich selbst als Endziel/-zweck (τέλος) hinleitet.

Kehren wir zu *Buch II, Kap. 1*, zurück, so lautete die Eingangsfrage dort, wie jeder der Körperteile aus dem Sperma entsteht. Die Beantwortung dieser Frage greift nicht nur auf die Bewegungsursache zurück, sondern auch auf die Formursache, bzw. Seele, 734a 2; denn ohne diese läßt sich nicht erklären, wie das Sperma im Foetus dessen Teile ausformen soll, ohne sie nicht etwa schon en miniature zu enthalten, oder selbst schon ein erster Teil zu sein (vgl. 734a 15). Aber auch in diesem Falle bleibt eine unlösbare Schwierigkeit: Wie soll aus dem ersten Teil der zweite entstehen, z.B. die Lunge aus dem Herzen? Es müßte dann das Herz die Lunge schon aktual (ἐντελεχείᾳ) sein (734a 30).

In diesem Zusammenhange wird nun wieder das Prinzip des Vorranges des Seins vor dem Werden verwendet: «Alles, was von Natur oder durch Kunst entsteht, entsteht durch ein aktual Seiendes aus dem, was potential von solcher Art ist», 734b 21-22. Dieses Prinzip ist der tiefere Grund für die Einführung der Seele als Formursache. Sie wird veranschaulicht durch den Vergleich des lebendigen Lebewesens mit dem toten. So ist z.B. die tote Hand nur noch «namensgleich» (homonym) mit der lebendigen, da die Seele fehlt, die sie beseelt, deren Organ sie ist. Um die Wirkweise der Seele, ihre formende Bewegung, verständlich zu machen, bedient sich Aristoteles hier (z.B. 740b 26 f.) wie öfters der Analogie mit der Techne. Die Bewegungskräfte im anorganischen Bereich, so besonders die Wärme, können einen Stoff z.B. knochenhart machen, ihm aber keine Knochenform mitteilen. Ebenso können sie z.B. Eisen schmelzen, ihm aber keine Schwertform verleihen. Daraus ergibt sich die Analogie: Wie bei der Techne eine höhere formgebende Ursache – die Seele des Techniten – tätig ist, so auch in der Natur (Physis), nämlich die Seele des Lebewesens. Zu dieser höheren psychischen Bewegungsursache stehen die niederen physischen Bewegungskräfte, vor allem Wärem und Kälte, im Verhältnis von Werkzeugen (Organa).

Wie läuft nun der Zeugungsvorgang beim Lebewesen ab? Am Beginn wirkt die vom Sperma des Erzeugers kommende Wärme. Mit ihr verbindet sich die beseelende Wirkung, die im fötalen Stoff eine Lebewesenform hervorbringt. Da dies aber aus der Natur der Wärme nicht erklärt werden kann, muß im Sperma – nach Analogie mit der Techne – die Anwesenheit der psychischen Ursache angenommen werden, welche die Form (εἶδος) des Erzeugers aktual (ἐντελεχείᾳ) hat (734b 35) und durch die Sperma-Wärme wie durch ein Organon auf den fötalen Stoff formend einwirkt. An diesem tritt sie dann in dieselbe Tätigkeit, wie sie es am Blut im Erzeuger getan hätte (vgl. 737a 18-20), wenn sie nicht auf das Sperma abgezweigt worden wäre[65].

Die ersten Lebensfunktionen, die sie am fötalen Stoff einleitet, sind die Bildungen der «gleichteiligen» Gewebe und des ersten «ungleichteiligen» Organes, des Herzens. Hierbei wird sie selbst zu einer neuen, individuellen, lebendigen Formursache, Seele (ψυχή). In dieser Zeugungstheorie findet sich ein feines Detail: Das Sperma bleibt nämlich als Träger der vom Erzeuger kommenden lebensspendenden Bewegung auch bei der Bildung des Foetus nur noch solange, bis er gleichsam «mit einem Schlage» (ἅμα, 734b 27-28; εὐθύς 742a 34; μετὰ τοῦ ὅλου) «gleichzeitig, zusammen mit dem Ganzen» (742b 3), seine Lebenstätigkeit begonnen hat. «Wenn die Bewegung (vom Erzeuger) aufhört, bildet sich jeder der Teile und wird beseelt» (734b 24-25). Die Substanz, die sich entwickeln wird, bildet sich also nicht ihrerseits erst wieder in einem Entwicklungsprozeß. Vielmehr wird sie auf einmal ins aktuale Dasein gesetzt.

Mit dem Aspekt der Formursache der Seele verbindet sich der der Bewegungs- und Zweckursache: Ihre «Wirklichkeit» (Aktualität), oder «Vollendung» (ἐνέργεια, ἐντελέχεια, z.B. 734b 22, 35; 735a 5) bedeutet ihren

65 Der Ausdruck der «seelischen Wärme» (ψυχικὴ θερμότης) darf nicht so mißverstanden werden, daß die Seele eine materielle Kraft mit der Eigenschaft der Wärme wäre. Vielmehr bezeichnet er die von der Seele als immaterieller Bewegungsursache gesteuerte Wärme, die deshalb formend und belebend ist. In der Tat verfällt jenem Mißverständnis z.B. der antike Kommentar des Michael Ephesius (ed. M. Hayduck, *Aristot.-Kommentare*, Bd. XIV, Berlin 1903, zu 735a 4 ff.): «..Da Aristoteles vorher sagte, ob das Sperma Seele hat oder nicht, und ob es abgeht oder ein Teil des entstehenden (Lebewesens) wird, und da er dann feststellte, daß sich das Sperma analog dem wachen Geometer verhält, der (noch) nicht (seine Wissenschaft» betätigt, er aber jetzt auch sagt, was sie (=die Seele) ist, (nämlich) daß sie Wärme ist...»

Seinsakt, zugleich aber auch die Wirklichkeit, die in der Seele als Bewegungs- und Zweckursache liegt und ferner sich – durch das «Organ» der Wärme – in Wärmebewegung mitteilen kann.

Die Antwort auf die Frage, wie jeder der Teile des Embryos aus dem Sperma entsteht, führt zu einer neuen schwierigen Aporie in *Buch II, Kap. 3*: Einerseits ist die Seele an einen materiellen Träger gebunden (vgl. 734a 14-15), andererseits darf das Sperma, das doch auch ihr Träger ist, mit ihr nicht selbst schon ein Lebewesen bilden. Die weitere Untersuchung ergibt (735a 30 – 736a 23): Da das Sperma nur aus Wasser und etwas Pneuma, d.h. warmer Luft, besteht, kann er in dieser zu einfachen Zusammensetzung wohl offenbar keine «Form» in sich aufnehmen. Das «Pneuma» wird hier als ein «Analogon des Elementes der Gestirne» (736b 37) bezeichnet, also als ein dem Äther verwandtes Element. Als solches ist es «göttlicher» als die übrigen vier Elemente (736b 31) und der einzig würdige Träger der Vital-Seele. Ferner ist es Träger der physisch wirksamen Wärme, des Organon der Seele. Bei der Fötation verdampft der Wasseranteil, so daß vom Sperma kein stofflicher Anteil (außer dem Pneuma) in den Foetus eingeht. Damit ist das männliche Prinzip als rein wirkursächliches (nicht materialursächliches) gewahrt.

Aus *Buch V, Kap. 8*, geht hervor, daß die «aus Notwendigkeit bestehenden Ursachen» (Materie und materielle Wirkursachen) durch Vermittlung des Pneuma «Organe» der «um des Besseren willen» bestehenden Ursachen sind. Die höchste Ursache, welche die übrigen zum Einsatz bringt, ist die Zweckursache: Im Beispiel mit dem Arzt ist sie es, die in der Form der Gesundheit, die dem Arzt vor Augen steht, den Schnitt des Messers am Wassersüchtigen veranlaßt. Die Stellen 789b 20 und 778b 13 f. scheinen darauf hinzuweisen, daß es auch Wirkungen im Naturgeschehen gibt, die von Materie- und (materiellen) Wirkursachen hervorgerufen werden, ohne daß diese von einer Zweckursache geleitet würden.

d) Zu *Buch III* von *De gener. animalium*

Von *Buch II 4* ab bis *Buch III* Ende behandelt Aristoteles die Entstehungen (γενέσεις) aller Tierklassen. Dabei berücksichtigt er besonders die physischen (materiellen) Wirkursachen, d.h. die Wärme und Kälte, sowie ihre verschiedenen Verhältnise zueinander (*II 6*, 743a 1 ff. führt er sie gewissermaßen ein). Sie sind bei der Bildung des Embryos und aller seiner Körperteile tätig. Auf alle Entwicklungsprozesse einzugehen, ist hier nicht möglich. Die Wirkweise der Wärme tritt aber nicht nur bei den Entstehungen in Erscheinung, sondern auch bei der Abstufung des gesamten Tierreiches in der absteigenden Linie der Tierarten. Im folgenden wird sich zeigen, daß auch innerhalb jeder Klasse die Wärme bei den verschiedenen Tieren in absteigender Reihe kontinuierlich abnimmt, was zur Einteilung der Unterarten führt. Aristoteles stellt dies aufgrund äußerer Kriterien: der Körpergröße und der Zeugungshäufigkeit, fest; denn es besteht ein Zusammenhang zwischen der Wärme und der Körpergröße.

1. «Die großen Lebewesen erzeugen wenige, die kleinen viele» (725a 28ff.).

2. Notwendigerweise ergibt sich für das schwächere Lebewesen, daß mehr Überschußmaterial entsteht und weniger Gargekochtes (726b 30). Das Schwächere wird also als das bestimmt, was von Natur weniger Wärme hat. Der Wärmemangel äußert sich in einem anwachsenden Überschußmaterial, was schon bei der Frau im Gegensatz zum Mann zu beobachten war.

Bei der Nahrungsassimilation gibt es verschiedene Garkochungsstufen. Das verschieden Assimilierte wandert dann entsprechend als Aufbaustoff zu den verschiedenen Körperteilen hin. Dieser bedarf des Samenüberschusses (σπερματικὴ περίττωσις), der das «Sein» der Teile beisteuert, also nichts Quantitatives. Vgl. die Unterscheidung der Nahrung in erhaltende und wachstumsfördernde, 744b 33 ff., um die Körperteile vergrößern zu können. Da die Sperma-Bildung viel Wärme voraussetzt, ergibt sich, daß die Tiere mit größerem Körper «vollkommener» sind (weil über mehr Wärme verfügend), und daß sie mäßig viel erzeugen, weil die Zeugungsstoffe zum Teil für den Körperaufbau eingesetzt werden. Wo hingegen der Samenüberschuß aus Wärmemangel in spürbarem Maße fehlt, kann das Überschußmaterial die Funktion des Körperaufbaues nicht eigentlich erfüllen, so daß es sich entweder unter der Köperoberfläche absetzt und – aufgrund äußerer Kälteeinwirkung – sich zu Haaren, Nägeln, Hornkrusten und Kalkschalen bildet oder als den Katamenia entsprechender Stoff nach außen abwandert.

Derselben Betrachtungsweise folgt auch Aristoteles' Untersuchung des Hühnereies, 520a 10 ff.: Die Hagelschnur von der Schalenhaut – am spitzen Ende – zur Dotterhaut, an welcher der (aus dem Eiweiß entstehende) Embryo liegt, wird als zweifache «Nabelschnur» gedeutet (530b 20 ff.), wobei die zur Schalenhaut führende «Nabelschnur» der der Säugetier-Embryonen entspreche, die zur Dotterhaut führende dagegen eine Neubildung bei den Vogel-Embryonen sei[86]. Den (schon oben erwähnten) «Umweg», den die Natur bei den Vögeln, aufgrund des größeren Wärmemangels, bei ihnen einschlägt, zeigt die Loslösung des unfertigen Embryos vom Uterus an und die Einschließung eines Stückchens Nahrung, des Dotters, in das sich bildende Ei. Der Dotter ersetzt also die Plazenta (Mutterkuchen), zu dem die Natur des Vogel-Embryos folgerichtig einen Nabelstrang aussendet.

In der Anordnung der Tierklassen stellt Aristoteles die Selachier (754a 20 ff., *III 3*) zwischen die Vögel und die übrigen Fische. Mit den Fischen haben sie das einfarbig Gelbe ihrer Eier gemeinsam, mit den Vögeln den bei diesen neu gebildeten (zum Dotter führenden) «Nabelstrang». Sie sind aber primitiver organisiert als die Vögel, da sie nur diesen Strang haben, den anderen dagegen (der allein bei den Säugetier-Embryonen vorhanden ist und bei den Vogel-Embryonen wenigstens noch rudimentär) überhaupt nicht mehr. Gegenüber den Fischen wiederum sind sie höher organisiert, weil sie ihre Eier nicht unvollkommen entlassen, sondern in sich so lange «bebrüten», bis sie lebendige Junge gebären können. Die «höhere» und «niedrigere» Organisation hängt dabei von der größeren und geringeren Eigenwärme ab. Die übrigen Fische, 755a 6 ff. (*III 4-7*), entlassen ihre Eier in unvollkommenem Zustande, d.h. in einem solchen, in welchem sich die Selachier-Eier in ihrem ersten Entwicklungsstadium befanden. Bedingt ist dies durch die natürliche Kälte in den Fischen. Die beim Laichen aus dem Weibchen austretenden Eier, die kurzlebige «pflanzliche» Gebilde sind, müssen mit dem männlichen Samen (der «Milch») belegt werden, um zu vollkommenen Eiern heranzuwachsen. Diesen Vorgang vergleicht Aristoteles mit dem Gärungsprozeß der Hefe im Teig (755a 18 ff.) und erklärt beide Vorgänge durch die Einwirkung von Wärme[66].

Ebenso unvollkommen sind auch die Eier der weiteren Tierklassen der Blutlosen, der Weichtiere (Tintenfische) und der Weichschaligen (Krebse), 757b 30 ff. (*III 8*), sofern sie überhaupt Eier hervorbringen.

Die Larven der Insekten schließlich sind gleichsam als Urorganismen unterster Stufe zu betrachten. Sie können Ergebnis einer Kopulation sein oder einer spontanen Zeugung (aus Fäulnisstoffen). Sie sind das erste unvollkommenste Stadium eines Eies und vergrößern sich im Laufe ihrer Entwicklung zur Puppe, die ein unvollkommenes Ei ist. Erst in einem dritten Entwicklungsprozeß werden sie Insekten.

Die Heuschrecken, Zickaden und Spinnen pflanzen sich durch geschlechtliche Zeugung fort, die Fliegen und Flöhe durch spontane und geschlechtliche Zeugung, die Mücken und Bienen durch spontane Zeugung.

---

66 Aristoteles konnte bei dem primitiven Stand der Beobachtungsmethode noch nicht wissen, daß auch der Säugetier-Embryo einen Dottersack sowie das der Schalenhaut analoge Chorion hat und mit beiden durch Nabelstränge verbunden ist. Es war ihm auch nicht bekannt, daß der Keimling im Hühnerei sich nur aus einer winzig kleinen Keimscheibe unter der Dotterhaut bildet, ferner daß sowohl Dotter als auch Eiweiß nur als Aufbaustoff dienen. Die Hagelschnüre haben dabei lediglich die Funktion, die Schwebelage der Dotterkugel zu stabilisieren. Zwar finden sich auch im Hühnerei die zwei vom Keimling ausgehenden Nabelstränge zum Dotter und Chorion, wie beim Säugetier-Embryo, doch sind sie mikroskopisch klein, so daß auch von ihnen Aristoteles noch keine Kenntnis haben konnte.

Die vierte Klasse der Blutlosen (*III 11*), die Weichschaligen (Muscheln) pflanzen sich entweder durch Sprossung, wie Pflanzen, fort (so die Muscheln, Kinkhörner, Purpurschnecken) oder durch spontane Zeugung, die auch der Sprossung meist zugrunde liegt, oder geschlechtlich (so die Schnecken).

Dann folgt die Behandlung der spontanen Zeugung (von 762a 8 ff.). Sie findet in der Natur dort statt, wo ähnliche materielle Bedingungen herrschen wie im belebten Körper, wo also Erdiges und Feuchtes, zu einem Gemisch vereinigt, vorkommen, ferner genügend Sonnenwärme und etwas Pneuma, das in warmem Wasser stets enthalten ist. Wo sich diese Faktoren zusammenfinden, meist an fäulnisreichen Plätzen, sind die materiellen Bedingungen für entstehendes Leben gegeben, wie bei Wurm und Larve, die gleichsam Urorganismen sind. Da Aristoteles hier von «psychischer Wärme» (θερμότης ψυχική, 762a 20) spricht, setzt der Ausdruck auch voraus, daß ein psychisches Lebensprinzip anwesend ist, das mit der Pneuma-Wärme nicht identisch ist, sondern sich ihrer als materiellen Bewegungsagenten bedient.

Die auf jeder Tierklassen-Stufe entstehenden Lebewesen spiegeln eine Entwicklung wider, die von den Lebewesen der höheren Stufen mitumfaßt zu werden scheint. Wenigstens macht Aristoteles in dieser Richtung eine beachtliche Bemerkung, 758b 32 ff., daß «alle Lebewesen in gewisser Weise zuerst einen Wurm gebären». Der Wurm ist also geichsam wie ein Embryo im ersten Anfangsstadium bei den Säugern.

Die Embryonalentwicklung ist nur bei der höchsten Tierklasse, den Säugern, vollendet, an deren Ende ein «vollendetes Lebewesen» (ζῷον τέλειον) geboren wird. Dagegen erscheinen das Ei und noch viel mehr die Larve als «Frühgeburten» (774b 35 προτερεῖν τῆς φύσεως, 758b 19 πρὸ τῆς ὥρας). Es verschiebt sich also der Zeitpunkt des Gebärens nach dem Anfang der Fötation hin und rückt damit vom Endpunkt, der Vollendung des Lebewesens, ab. Die «Frühgeburten» erfordern dann jeweils eine Form der Nachentwicklung des Geborenen, so die der Bebrütung der Eier oder die Metamorphosen gewisser Insekten, z.B. von der Puppe zur Raupe und weiter zum Schmetterling.

Zusammenfassend gesehen, ergibt sich bei Aristoteles eine Stufenleiter der Tierklassen vom Vollkommenen zum Unvollkommenen hin, aufgrund der kontinuierlich abnehmenden (Lebens-)Wärme. So erweist sich die Natur als ein zweckmäßig planendes und ordnendes Prinzip, das auf jeder absteigenden Stufe mit den immer spärlicher werdenden materiellen Mitteln – besonders der lebensnotwendigen Wärme – noch das relativ Beste leistet. Man kann diese weise Haushaltung der Natur als ihr Ökonomiegesetz nennen, worin sich ihre Finalität äußert. Zwischen den physischen Wirkfaktoren, wie besonders der Wärme, und der psychischen Wirkursache besteht ein enger Zusammenhang: Wo die notwendigen materiellen Lebensbedingungen vorliegen, und es zur Bildung eines Lebewesens kommt, ist auch die entsprechende psychische Lebensursache da. Wo also z.B. etwas Pneuma von einem geeigneten Stoffgemisch umschlossen wird, und sich ein Wurm bildet, ist auch ein vegetatives Lebensprinzip da. Wo ein pflanzliches Gebilde vorliegt, wie z.B. die «Windeier» in der Henne und mit weiterer Pneumawärme, durch den Hahnentritt, in Berührung kommt, ist auch das sensitive Lebensprinzip da. Wie in den verschiedenen Fällen die psychischen Lebensprinzipien in den Stoff «hineinkommen» (ἐγγίγνεσθαι), ist eine Frage, die zwar Aristoteles erwähnt (*II 3*), aber nicht beantwortet, weil sie eine die Biologie und ihre Naturphilosophie überschreitende Grenzfrage ist.

e) Zu *Buch IV* von *De gener. animalium*

Nach der Behandlung der Genese aller Tierklassen geht unser Philosoph auf die Bildung der Zeugnungsteile ein (*IV 1-3*) und weiter auf den Vererbungsvorgang.

Die Prinzipien, aus denen er seine Vererbungstheorie entwickelt, 765b 7 – 766b 27, lassen sich schon aus den vorhergehenden Büchern entnehmen: 1. Das Männliche und Weibliche sind Bewegungs-Form-Ursache und Materieursache. 2. Beide sind durch das Vermögen (Dynamis) bzw. durch das Unvermögen gekennzeichnet, die «letzte Nahrung» (das Blut) «garzukochen»[67]. Das Weibliche ist dies gerade dadurch, daß es die Nahrung in sich nicht ganz verkochen kann, während das Männliche dies vermag. 3.Demzufolge wird jeder entstehende Teil des Embryos, der sich ja aus dem Blut der Katamenia bildet, «weiblich», wenn das ihn formende Vermögen (Dynamis, Kraft) des männlichen Sperma zu «schwach» ist, dagegen «männlich», wenn es «stark» ist. Im zweiten Fall erhält der Teil eine vollendete, «männliche» Form, im ersten Fall dagegen eine unvollendete, «weibliche».

Der Foetus wird männlichen Geschlechtes wenn die Dynamis des Erzeugers in ihm ein «männliches» Herz auszuformen vermag, d.h. ein solches, das genügend Wärme hat, um die Nahrung bis zur letzten Stufe garzukochen, nämlich zum «Samenüberschuß», der bloß noch aus Wasser und Pneuma besteht, während das «weibliche» Herz nicht nur kein Sperma herstellen kann, sondern sogar einen Teil der Nahrung in blutförmigem Zustand (als Katamenia) wieder abwandern lassen muß.

---

67 s.o. 726a 11 ff. und 728a 18 ff.

Aristoteles' Vererbungstheorie (*IV 3*) ist hauptsächlich von der Frage aus *Buch I* geleitet, wie die Ähnlichkeit zwischen Nachkommen und Eltern zu erklären ist, so vor allem, warum einige Eigenschaften der Eltern und Großeltern im Kinde wieder durchschlagen, andere dagegen verschwinden. Die Dynamis/Kraft des männlichen Sperma spaltet sich in viele Einzelkräfte auf, die alle als Träger von Erbeigenschaften, individuellen wie allgemeinen, fungieren. Sie werden auch als Bewegungen bezeichnet, weil ja die hier wirksame Lebenswärme ein Bewegendes ist. Jede Eigenschaft ist eine besondere Form (766a 20 ἴδιον εἶδος). Die genannten Kräfte können sich in den Katamenia entweder behaupten oder unterliegen, wie oben festgestellt. Unterliegen können sie auf zweifache Weise: a) indem sie den fötalen Stoff nicht gänzlich ausformen, der deshalb in die weibliche Form umschlägt, oder b) indem sie selbst vom Stoff her eine so starke Gegeneinwirkung erfahren, daß sie sich auflösen. Sie gleiten dann ab zu den schwächeren Eigenschaften der Vorfahren.

Jede Form, die allgemeinste wie die individuellste, wird durch physische Wirkursachen hervorgerufen und im Stoff zur Erscheinung gebracht, die individuelle aber in stärkerem Maße. Sie steht aber immer unter der Form der substantiellen psychischen Formursache[68]. Die allgemeine Artform des Mensch- und Lebewesen-seins tritt weniger stark in die stoffliche Erscheinung, ist aber die beharrlichste. Sie «löst» sich nicht «auf», «fällt» nicht «zurück», während die besonderen Formen sich zu ihr hin «auflösen» können[69]. Die psychische Formursache leitet die Entwicklung des entstehenden Lebewesens nach dem «Begriff der (substantiellen) Wesenheit» (λόγος τῆς οὐσίας, 778a 35), die konkret-materielle Ausformung bis in die individuellen körperlichen Merkmale ist Werk der physischen Wirkkräfte. Nicht mehr in dieser individuellen Ausformung, wohl aber in jener Entwicklung des Lebewesens im ganzen verwirklicht sich der spezifische Naturzweck.

---

68 Vgl. 767b 35, wo Aristoteles bemerkt: «Was (in diesem Vererbungsprozeß) entsteht, entsteht immer auch als ein sobeschaffenes, zugleich aber als Dies-da (Einzelnes), und dieses ist die Substanz.»

69 Auf diesen Sachverhalt paßt auch der anschauliche Vergleich, den Aristoteles an anderer Stelle (743b 20 ff.) im Hinblick auf die erste Embryonalentwicklung macht: «Alles (am entstehenden Lebewesen) wird früher im Umriß bestimmt und nimmt später die Farben sowie die weichen und harten Eigenschaften an, wobei die Natur wie ein Maler, ohne der Kunst zu bedürfen, zu Werke geht; denn auch die Maler zeichnen (zuerst) in Umrißlinien das Lebewesen und füllen es (dann) so mit Farben aus».

2) Die Entwicklung des menschlichen Embryos

a) Aristoteles' Lehre

Nach dem Überblick über die Schrift *GA* gehen wir noch etwas näher auf Aristoteles' Lehre von der Erzeugung und Embryonalentwicklung des Menschen ein, um auch zu moderner Kritik Stellung nehmen zu können. Nach Aristoteles trägt das weibliche Ei das (mit der Monatsblutung identische) Material bei, das zur Entstehung des menschlichen Embryos durch die vegetative Kraft bereit ist und hierzu schon alle Teile eines Embryos potentiell, d.h. die Anlage zu ihnen, enthält. Der männliche Same führt als Formursache die vegetative und sensitive Kraft ein. Nach der Befruchtung beginnt sich ein neues Lebewesen zu entwickeln.

Die vegetative und sensitive Kraft, die vom Erzeuger ausgeht, initiiert am genetischen Material eine Reihe von Bewegungen, von denen die je nächstfolgende einsetzt, wenn die je vorhergehende aufhört (wie vergleichsweise bei einem Spielzeugautomanten, 734b 10, cf. 741b 9). Die erste Bewegung ist die des Spermas, die zur Befruchtung des Eies und zur Embryobildung führt. «Wenn diese Bewegung aufhört, entsteht jedes der Teile (des Embryos) und wird beseelt», *II 1*, 734b 24-25.

Aristoteles zieht hier öfters Vergleiche zwischen Natur und Techne und betrachtet jene Bewegungen zur Embryobildung ähnlich als instrumentelle, wie z.B. die Bewegungen von Axt und Säge zur Herstellung eines Bettes. Die Bewegungen stehen jedesmal im Dienst einer ersten Bewegungs-, Zweck- und Formursache, dort der Natur, hier des Techniten (734b 17, 735a 2, 740b 26; die Natur als Designer 740a 28).

Der Embryo vollzieht zuerst vegetative Lebenstätigkeiten, in denen sich die vegetative Seele aktualisiert, wenn auch schon die sensitive von Anfang an potentiell anwesend ist. Damit hat er seine eigene Seele, nicht etwa die des Erzeugers, und ist «etwas Seiendes und Eines», 735a 23, d.h. ein neues Individuum[70].

Der Embryo hat zunächst die «Lebensweise» einer Pflanze, wenn er die ersten Lebenstätigkeiten vollzieht, *GA* 736b 13: ζῆν φυτοῦ βίον. Das heißt nicht, daß er im ersten Lebensstadium eine Pflanze wäre. Vielmehr liegt eine vergleichende Redeweise vor, mit dem Bios als «Lebensweise».

---

70 Dies bleibt auch wahr, wenn es dann noch zu Mehrlingsbildungen kommen und das eine Individuum sich in neue aufteilen würde.

Das erste Organ, in welchem die vegetative – zugleich auch die sensitive – Seele ihren Sitz hat, ist das Herz[71]. Wieder vergleicht hier Aristoteles die zweckvolle Leistung der Natur mit der des menschlichen Geistes, diesmal mit einem Hausvater, der seinen Sohn wegziehen läßt, damit er seinen eigenen Hausstand gründe, 740a 7.

Daß im Zeugungsstoff schon Teile des Embryos vorgeformt lägen – wie es später die Präformationstheorie annimmt –, lehnt Aristoteles ausdrücklich ab, *II 1*, 734a 34 ff.

In der weiteren embryonalen Entwicklung des Menschen treten dann die sensitive und schließlich die intellektive Seele auf, indem sie jeweils aus der Potenz in den Akt übergehen, *II 3*, 736a 35 ff. Während aber die vegetative und sensitive Seele durch die Zeugungsstoffe der Eltern in den Embryo gelangen – denn sie sind immer an einen Körper gebunden, wie auch ihre Tätigkeiten immer körperliche sind –, gilt dies für die intellektive Seele nicht mehr, da sie an keinen Körper gebunden ist. Daher muß sie «von außen hinein hinzukommen», 736b 21-29.

Die Teile des Embryos formen sich in ihren beiden Arten, den «gleichteiligen» (Geweben) und den «ungleichteiligen» (Organen), parallel gleichzeitig aus, doch vollzieht sich dies bei beiden Arten in einer zeitlichen Abfolge, deren einzelne Schritte vom Endzweck her bestimmt sind. So entstehen von den gleichteiligen zuerst Blut, dann Fleisch und Knochen, von den ungleichteiligen zuerst das Herz, dann Lungen, Leber usw. Auch entwickeln sich die Teile des Oberkörpers früher als die des Unterkörpers, *II 4-6*.

Der Endzweck ist das Menschsein, der in der Abfolge der Entstehung zuletzt verwirklicht wird, und auf den die vorhergehenden Stufen des menschlichen Seins/Lebens hingeordnet sind. Ebenso ist das vegetative und

---

71 Auf das Gemeinsame der biologischen Beobachtungen und ihrer Auswertung in Aristoteles' *GA* und dem *Corpus Hippocraticum* kann hier nicht näher eingegangen werden.
Vgl. *The Ps.-Hippocratic Tract Peri hebdom.*, ed. J. Mansfeld, Assen 1971.- Ders., *Hippocrate, La Nature de l'Homme*, ed. J. Jouanna, Berlin 1975, und: *The Hippocratic Treatises: On the Nature of Child etc.*, ed. J.M. Lonie, Berlin 1981.
In der Schrift *Über die Natur des Kindes* findet sich die Beschreibung eines 6 Tage alten abortierten Embryos. Hauptbewegungsursache für die Bildung des Embryos sind die Wärme, die das Blut der Mutter zuführt, und die Kälte, die vom Atem der Mutter kommt. Bei Aristoteles kommt die Wärme auch vom männlichen Sperma, überhaupt aber dienen Kälte und Wärme nur als Instrumente der vegetativen und sensitiven Seele, welche die Hauptbewegungsursache für die Bildung des Organismus sind, während die Hippokratischen Schriften, soweit die Indices der genannten Ausgaben zeigen, von Seele und Geist nicht sprechen. Im übrigen liegt, aristotelisch verstanden, in den biologischen Informationen mehr als nur eine immaterielle «Ganzheitsidee», (1970) 35; 40, Anm.68.

sensitive Lebensprinzip auf das intellektive hingeordnet, wie Mittel zu ihrem Zweck, *II 3*, 736a 35 – b 8.

b) Zur modernen Kritik an Aristoteles' Lehre

Die aristotelische Biologie bzw. Embryologie scheint von modernen naturwissenschaftlichen Beobachtungen widerlegt zu werden. Wir beschränken uns auf folgende Kritikpunkte:

- Während nach Aristoteles sich auf Ei und Samen der Eltern die Materie- und Formursache verteilen, hat die moderne Biologie längst erkannt, daß sich die genetischen Informationen in den haploïden Chromosomensätzen beider, der Samen- und der Eizelle, finden, und nimmt im übrigen überhaupt keine formalen, seelischen Ursachen neben den materiellen an.
- Ferner lehren uns biologische Beobachtungen heute, daß die menschliche Embryonalentwicklung von der Empfängnis bis zur Geburt kontinuierlich, ohne Zäsuren, verläuft. Dagegen müßte sie nach der traditionellen Ansicht, wie man sie heute versteht, sehr diskontinuierlich verlaufen, da sie eine Sukzessivbeseelung des Embryos durch drei Seelen annimt, durch eine vegetative, sensitive und intellektive. Durch diese drei müßte der Embryo zuerst ein pflanzliches, dann ein tierisches und schließlich ein menschliches Leben haben. Nun entspräche dem zwar E. Haeckels sog. «biogenetisches Grundgesetz», wonach die Ontogenese des Menschen alle Stadien der Phylogenese wie im Zeitraffer noch einmal durchlaufen würde; z.B. auch das Stadium mit Schwimmflossen und Kiemenatmung. Doch ist diese Hypothese durch die genaueren Beobachtungen heute überholt[72].

Um hierzu kurz Stellung zu nehmen:

Zwar ist die klassische Auffassung, daß sich die Materie- und die Formursache auf Ei und Samen verteilen, widerlegt. Aber damit ist nicht auch die klassische Unterscheidung zwischen Materie- und Formursache als solche überholt; denn es bleibt durchaus das Problem, ob die Gene selbst «informieren» oder eine seelische Formursache, für welche die Gene nur das materielle Instrument, gleichsam die Klaviatur, sind. Man ist sich heute nicht mehr bewußt, daß sich der Begriff der «Information» ursprünglich aus dem Bezug auf eine Formursache gebildet hat.

---

72 Dies legt überzeugend E. Blechschmidt dar: *Die Gestaltungskraft des menschlichen Keimes*, Stuttgart 1968.– Ders., *Anatomie und Ontogenese des Menschen*, Heidelberg 1978.– Ders., *Der Irrtum Haeckels*, in: Paderborner Studien 1980, 69-74.– Vgl. auch J. Splett, *Wann beginnt der Mensch? Philos. Erwägungen zum Lebensanfang*, in: Theologie u. Philosophie, 56, 1981, 407 ff.

- Die traditionell aristotelische Auffassung der Sukzessivbeseelung ist viel komplizierter, als sie in der modernen Kritik erscheint. So sprechen die Texte z.B. von seelischen «Kräften», die nacheinander auftreten und selbst jeweils zunächst nur «potentiell Seele» sind.

Im übrigen ist die zur Sukzessivbeseelung alternative Simultanbeseelung noch problematischer; denn daß von der Empfängnis an schon sogleich alle drei Vermögen, das vegetative, sensitive und intellektive, vorliegen, wird durch die Tatsache der Mehrlingsbildung (in der Morula- und Blastula-Phase) widerlegt, da der Geist sich nicht aufteilen kann.

Schließlich wird öfters behauptet, die Tradition bestimme den Eintritt der Geistseele in den Embryo durch die Zeitpunkte der Geschlechterdifferenzierung, d.h. beim männlichen Embryo ungefähr um den 40. Tag, beim weiblichen um den 90. Tag. Da nun zu diesen Terminen der Embryo schon ein vollständiger Mensch ist, käme die Geistseele zu spät. Doch will Aristoteles, wie der Text in *Historia animalium VII 3* zeigt, mit den genannten Zeitpunkten nichts anderes angeben als dies, wann der männliche und weibliche Embryo vollendet ist, nicht wann die Geistseele eintritt[73].

Der philosophischen Diskussion stellen sich heute, aufgrund der genannten naturwissenschaftlichen Erkenntnisse, u.a. folgende Probleme:

- Wie ist es möglich, daß beim menschlichen Embryo die Entwicklung von Anfang an sehr kontinuierlich und spezifisch menschlich verläuft, obwohl noch nicht von Anfang an eine Geistseele vorliegen kann?
- Liegt vielleicht für alle Entwicklungsstadien nur ein einziges Lebensprinzip vor, aus dem sich alle seelischen Tätigkeiten, von den vegetativen bis zu den sensitiven und weiter zu den geistigen, entfalten? Dies würde gegen die Präformations- und für die Epigenesistheorie sprechen, wenn man in den Begriffen dieser bekannten Alternative denken wollte; d.h. es würde wirklich etwas Neues hinzuentstehen, das vorher noch nicht da war: Das eine Lebensprinzip wäre zu Beginn noch nach vielen Entwicklungswegen hin offen und würde erst durch die fortschreitende Entwicklung selbst immer mehr in eine bestimmte Richtung

73 Auf die Kontroverse geht der gehaltvolle Aufsatz von W. Ruff s.j. ein, *Individualität und Personalität im embryonalen Werden. Die Frage nach dem Zeitpunkt der Geistbeseelung*, in: Theologie u. Philosophie 1970, 24-59. Ders., *Die Menschwerdung menschlichen Lebens, Anthropologische Reflexionen über die Individualentwicklung*, in: Arzt und Christ, 17, 1971, 129-138. Er läßt Aristoteles in *GA II 3* den Beginn der Geistseele am 40. Tage beim männlichen Embryo (bzw. am 80. beim weiblichen) annehmen. Doch spricht die Stelle nur vom Eintritt des Geistes «von außen», ohne Zeitangabe. Diese findet sich zwar in *Historia anim. VII 3*, jedoch, wie gesagt, in einem anderen Zusammenhang, ohne Bezug auf den Eintritt der Geistseele.

festgelegt[74]. Die gegenwärtigen Evolutionstheorien befürworten, daß in der Ontogenese dieselben schöpferischen Kräfte am Werke sind, die erdgeschichtlich vom Anorganischen zum Organischen, und hier wieder vom Pflanzlichen zum Animalischen und schließlich zum Geistigen im Menschen, geführt haben.

Wie ist das Auftreten des Geistes im menschlichen Embryo zu verstehen? Gegen die traduzianistische Auffassung, daß die Geistseele des Kindes von den Eltern stamme, spricht hauptsächlich dies, daß die Geistseele in den Eltern eine je eigene und unteilbare ist, von der sich keine neue abspalten kann. Auch hat der Nachkomme nicht das geistige Bewußtsein seiner Eltern, sondern sein eigenes. Aber auch Aristo eles' Lehre, daß der Geist «von außen hinzukommt», und ihre kreatianistische Ausformung bei Thomas v. Aquin, wonach Gott in jedem Embryo den Geist hinzu-erschafft, erscheint heute als unhaltbar; denn Gott müßte dann jeweils von außen in das Naturgeschehen eingreifen. Dagegen gilt heute als viel wahrscheinlicher, daß in der Natur selbst schöpferische Kräfte lägen, die sich immer höher entwickelten und sich dabei stufenweise selbst transzendierten[75]. Solche Kräfte werden (je nach der materialistischen oder christlichen Gesamtanschauung) entweder der Materie zugeschrieben oder Gott, der in ihnen weiter mitwirke und sie zu seelischen Kräften, sinnlichen und geistigen, emporführe.

Was schließlich den Zeitpunkt betrifft, zu dem der Geist im Embryo auftritt, so fragt sich, ob er nicht erst dann vorliegen könne, wenn die ersten geistigen Tätigkeiten durch die ersten Großhirnfunktionen des Embryos beobachtet würden[76].

Diese und ähnliche Probleme dürften durch eine bloß empirische Biologie und Anthropologie nicht auflösbar sein, ohne gewisse naturphilosophische und metaphysische Voraussetzungen. Da diese aber von den gegenwärtigen philosophischen Strömungen nicht mehr geboten werden, muß man auf die aristotelische (und im Thomismus fortgeführte) Naturphilosophie und Metaphysik zurückgreifen, die nicht überholt sind und zu den genannten Fragen etwas beitragen können. Es lassen sich daraus folgende Hauptgesichtspunkte entnehmen:

1. In allem Lebendigen gibt es neben den materiellen Ursachen auch Form-, Bewegungs- und Zweckursachen. Gegen die vorsokratische, rein materielle Erklärung der Naturdinge, hat Aristoteles, im Hinblick auf die Lebewesen, so argumentiert (*Metaph. VII 17,* 1041b 11-22), daß sie (z.B. im

74 Diese Auffassung ist gut dargelegt bei Ruff, a.a.O. (1970), 33 ff., 37 ff.

75 Zu dieser Auffassung s. P. Overhaghe – K. Rahner, *Das Problem der Hominisation*, Freiburg 1961, 74 ff. Die Auffassung hat sich auch Ruff, a.a.O. (1970), 53 ff., zueigen gemacht.

76 Diese Ansicht wird auch bei Ruff, a.a.O. (1970), 53 ff. besprochen.

Vergleich mit den Kunstprodukten) mehr sind als die Summe ihrer (materiellen) Teile, Elemente; denn sie können als solche nicht verantwortlich sein für ihre bestimmte Zusammenstellung ihrer komplexen, zweckvollen Einheit, wie sie der Organismus eines Lebewesens ist. Diese ist für die Elemente als solche zufällig. Oder mit anderen Worten: sie verhalten sich zu ihr nur potentiell, eben bloß als Materialursache[77].

2. Die gesamte Natur hängt mit ihren immanenten Ursachen von einer transzendenten, ersten Ursache ab (vgl. *Metaph. XII 7*). Zunächst ist jedes Naturding von seinen immanenten Ursachen bedingt, d.h. von der Materieursache einerseits und der Form-, Bewegungs-, Zweckursache andererseits, die im vollen Sinne erst bei den Lebewesen auftreten. Doch verweisen diese Ursachen selbst wieder – da sie nicht aus sich selbst sind – auf eine höhere Ursache, von der sie in ihrem Sein abhängen. Diese existiert «abgetrennt» von allen anderen, d.h. sie ist transzendent, weil sie in keinem Dinge mehr immanente Ursache ist. Die erste Seinsursache, die das Sein und das Gute selbst ist, wird traditionell mit dem religiös verehrten Gott gleichgesetzt.

3. Das Entstehen der Dinge ist ein Übergang vom potentiellen zum aktuellen Sein. Die Form-, Bewegungs- bzw. Zweckursache verhält sich zur materiellen Ursache wie das Akt- zum Potenzprinzip, in bezug auf das Sein jedes Dinges. Damit z.B. ein Lebewesen entstehen kann, muß bereits ein Aktprinzip vorliegen, nämlich die Seele, welches das, was potentiell Leben hat, den Leib, zu aktuellem Sein/Leben überführt (*GA II 1*). Dem entspricht der früher schon erwähnte aristotelische Grundsatz, wonach das der Entstehung nach Spätere, d.h. der verwirklichte Zweck, das der Wesenheit nach Frühere ist, nämlich als Zweckursache, die von Anfang an bereits vorliegt und den zu verwirklichenden Zweck schon virtuell vorwegnimmt; denn die Entstehung (Entwicklung) eines Lebewesens wird von Anfang an durch die Form-Bewegungs-Zweckursache als Aktprinzip geleitet (*Metaph. IX 8*).

4. Die Seele ist die Formursache (Aktprinzip) des organischen Körpers (als der Materialursache des Lebewesens), der potentiell Leben hat. Diese bekannte aristotelische Definition der Seele (*De an. II 1*) ergibt sich aus der notwendigen Überlegung, daß jedes Seinsprinzip entweder von bestimmbarer, potentieller Art ist oder von bestimmender, aktueller, formursächlicher Art. Nun gehört der organische Körper, wie alles Materiale, zum Seinsprinzip der

---

77 Vgl. auch oben, Kapitel II.
Mit dem Argument ist ein anderes verwandt, das sich in *Metaph. XII 4*, 1070b 4-10, findet, daß die Elemente mit dem aus ihnen Zusammengesetzten nicht identisch sind. Siehe auch *XIV 1*, 1088b 5: Die Elemente – hier die immanenten Urachen, auch die Formursache – werden nicht von dem ausgesagt, dessen Elemente sie sind.

ersten Art, also die Seele zu der zweiten. Nach Aristoteles ist der organische Körper Potenzprinzip, die Seele Aktprinzip in bezug auf das Leben des Lebewesens. Letztere ist nicht nur Formursache des Lebewesens als Seienden, sondern auch Bewegungs- und Zweckursache für die Entstehung und Entwicklung hin zum Zweck, Telos, zur Entelechie (Vollendung, im aktuellen Sinne).

—

Die Annahme, der Geist könne sich aus einem niedrigeren Lebensprinzip entwickeln, das «sich selbst transzendiere», «sich selbst überbiete», und zwar dadurch, daß Gottes Schöpferkraft in ihm weiter mitwirke, führt in einen Widerstreit mit Gottes Transzendenz; denn diese bedeutet, daß Gott keine immanente Ursache in den Kreaturen ist, sondern transzendente, erste Ursache der ihnen immanenten, zweiten Ursachen. Nach traditioneller Lehre ist Gott in ihnen nur so, wie die Ursache in ihren Wirkungen ist. Nach der genannten Annahme dagegen wäre in der natürlichen Ursache, dem (sensitiven) Lebensprinzip des Embryos, Gott nicht nur wie in seiner Wirkung, sondern würde in ihm immanent ursächlich mitwirken. Also muß man diese – pan(en)theistisch anmutende – Annahme fallen lassen und daran festhalten, daß ein niedrigeres (hier: sensitives) Lebensprinzip sich selbst nicht zu höheren (hier: geistigen) Tätigkeiten transzendieren, sondern immer nur die ihm artgemäßen (hier: sensitiven) Tätigkeiten vollziehen kann.

Vgl. die Feststellung bei Thomas v. Aqu., in De natura materiae, cap. 2: ... principium actionis non excedit modum agendi in nulla sua virtute, sicut patet de omnibus formis materiae immersis.

Eine andere Annahme ist häufig von naturwissenschaftlicher Seite zu hören, im Zusammenhang mit dem Evolutionsgedanken, daß nämlich schon vom erdgeschichtlichen Beginn an die Materie mit schöpferischen Kräften begabt sei, die sich dann stufenweise vom Anorganischen zum Organischen und Vitalen bis hin zum Geistigen entfalteten. Doch läßt sich eine solche monistische Theorie, wie die Diskussionen zeigen, nur dadurch halten, daß schon von Anfang an die Phänomene monistisch verkürzt werden. So leugnet man die phänomenal gegebenen, wesentlichen Unterschiede zwischen Lebendigem und Nicht-Lebendigem, Organischem und Anorganischem. Es gilt aber, die Phänomene zu bewahren und die erklärenden Theorien danach auszurichten, nicht umgekehrt. Die genannten wesentlichen Unterschiede erfordern noch eine andere Art erklärender Ursachen als nur die eine der materiellen. – Auch ist es, philosophisch gesehen, widersprüchlich, wenn man einerseits von der Evolution des Kosmos zu immer zweckvolleren, komplexen Einheiten (bis hin zu den Lebewesen und dem Menschen) spricht, andererseits diese aber dann durch ein Zufallsspiel der materiellen Elemente zu erklären versucht; denn der Zufall ist definiert durch die Abwesenheit von Zweck. Nun ist für die materiellen Elemente jede Zusammenstellung zu einer zweckvollen, komplexen Einheit in der Tat zufällig. Wenn daher in der Evolution des Kosmos eine erstaunliche Zweckmäßigkeit phänomenal hervortritt, was heute wohl auch niemand mehr bestreitet, so müssen neben den materiellen Ursachen auch nicht-materielle Zweckursachen anerkannt werden.

Die beiden vorgenannten Annahmen verbinden sich meist mit der Kritik am aristotelischen Begriff von der Materie, daß sie zu «träge», nicht bewegungsbegabt sei und sich als reine Potentialität zu einer bloß logischen Möglichkeit verflüchtige. Doch stimmt dies nicht. Die materiellen Elemente haben nach Aristoteles schon ihnen je eigentümliche Bewegungen und Formen, so daß die aus ihnen gebildeten, komplexen Stoffe mit vielerlei Bewegungen und Formen begabt (und «gemischt») sind. Im übrigen ergibt sich bei Aristoteles aus der klaren Definition der Materie die notwendige Einführung der nicht-materiellen Form-, Bewegungs- und Zweckursache, während bei den modernen Kritikern ein wohldefinierter Begriff der Materie fehlt, so daß sie fälschlich dann der Materie (monistisch) auch jene Leistungen zuschreiben, die ihr per Definition nicht zukommen können, sondern gerade den nicht-materiellen Urachen eignen.

3) Abschließende Erörterungen zur Bewegungs- und Zweckursache in *De gener. animalium*

a) Physische Wirkfaktoren und psychische Bewegungsursache

Durch den Einfluß der modernen Naturwissenschaften und durch philosophische Erkenntnistheorien, die sie zum Vorbild nehmen, ist seit Fr. Bacon und I. Kant das Verständnis der Bewegungsursache im aristotelisch-traditionellen Sinne verlorengegangen, und damit dann auch das der Zweckursache, die traditionell gesehen mit der Bewegungsursache aufs engste zusammenhängt. Es ist daher heute notwendig, zunächst den Vollsinn der Bewegungsursache bei Aristoteles wiederzugewinnen.

Mit Recht betrachtet die moderne Biologie aufgrund ihrer gegenüber der Antike vollkommeneren Instrumente und Methoden viele «wissenschaftlichen» Erkenntnisse des Stagiriten für überholt, obwohl auch in dieser Hinsicht anerkennende Stimmen nicht fehlten. So hob schon H. Meyer[78] hervor,

---

78 *Der Entwicklungsgedanke bei Aristoteles*, Bonn 1909, 51.

daß Aristoteles «eine für die damalige Zeit geradezu erstaunliche und mit der Dürftigkeit der Mittel in gar keinem Verhältnis stehende Kenntnis der Organismen, ihrer Struktur, Bildungsfähigkeit und ihres systematischen Zusammenhanges an den Tag legt, die auch heute noch in den Kreisen der Naturforscher die rückhaltlose Bewunderung genießt». Vor allem zählt die aristotelische Ansicht von der epigenetischen Entwicklung der Lebewesen «auch heute noch eine Anzahl namhafter Naturforscher zu ihren Anhängern».

Der heute verbreiteten Kritik am «Hylemorphismus» der aristotelisch-thomistischen Tradition liegt ein materialistischer oder zumindest empiristischer Standpunkt zugrunde, der als Reales nur das sinnlich-empirisch Gegebene ansieht, wonach die Lebewesen nichts anderes sind als strukturierte Materie, mit sich selbst regulierenden Bewegungsabläufen, die sich als solche schon von Physik und Chemie vollständig erklären lassen. Die Annahme von Form-Bewegungs-Zweck-Ursachen brächte diese an die Lebewesen von außen hinzu, ließe sich empirisch nicht beweisen und erklärte nichts. Die traditionell angenommene Naturfinalität wäre lediglich eine von außen hinzukommende Betrachtungsweise, während die Kausalität nur in den materiellen Bewegungsabläufen liege.

Hierzu ist folgendes zu sagen: Aristotelisch gesehen, ist die Mitteilung von Bewegung zwischen Körpern nur eine akzidentelle Kausalität, wobei für ihn, wie für die Modernen, die Materie schon als bewegungsbegabt angenommen wird. Aristoteles hat bei den anorganischen Körpern große Mühe, die natürliche Bewegungsursache zu finden, so z.B. hinsichtlich ihrer räumlichen Aufwärts- und Abwärtsbewegung, da sie sich in diesen Bewegungen schon finden, «wenn nichts hindert». So sind dann die Ursache für diese Bewegungen schließlich nur «die das Leichte und Schwere erzeugenden» und «die das Hindernis wegnehmenden» Faktoren. Erst bei den Lebewesen liegt eine Bewegungsursache im eigentlichen Sinne vor. Ihr gegenüber sind die physischen Bewegungs«ursachen», wie die Wärme in den biologischen Entwicklungsprozessen, nur sekundäre, instrumentelle Bewegungsfaktoren, deren sich die eigentliche Bewegungsursache, das psychische Lebensprinzip, bedient. Diese wichtige Unterscheidung zwischen der physischen und der psychischen Bewegungsursache kommt den modernen Biologen und Aristoteles-Kritikern überhaupt nicht mehr in den Blick.

Während die physisch-materiellen Wirkfaktoren empirisch feststellbar sind, kann dies von der eigentlichen Bewegungsursache nicht mehr gelten; denn sie ist nicht mehr materiell, sondern intelligibel, und muß von der Vernunft erschlossen werden. Dabei stützt sie sich auf die Analogie zu unserer inneren Selbsterfahrung, in der wir von unserer Seele als Lebensursache wissen. Die psychische Bewegungsursache erklärt zwar nicht die materiellen Prozesse als solche, die unmittelbar von materiellen Faktoren bewirkt werden, sondern leitet und koordiniert sie im Organismus des Lebewesens, ist also vielmehr für die Lebens«bewegung» in diesem verantwortlich. Wie die Übersicht von *GA* oben gezeigt hat, begegnet uns in dieser Schrift immer wieder jene wichtige Unterscheidung zwischen der physischen und psychischen Bewegungsursache, wobei nur die zweite die eigentliche Lebensursache ist. Sie befaßt in sich das vegetative, sensitive und intellektive Prinzip, von denen die ersten beiden bei den Pflanzen und den Tieren auftreten, das dritte hingegen nur beim Menschen.

b) Die Verbindung der Bewegungs- mit der Zweckursache

Nur bei einem angemessenen Begriff von der Bewegungsursache als dem psychischem Lebensprinzip läßt sich auch das richtige Verständnis der Zweckursache bei Aristoteles wiedergewinnen, die mit der Bewegungs- und Formursache so eng zusammenhängt, daß sie mit ihnen in den Lebwesen in eins zusammengeht und mit ihnen zusammen als nicht-materielle Ursache der Materie gegenübersteht. Während sich Materie und Formursache auf das Sein der Dinge beziehen und für ihr potentielles und aktuelles Sein verantwortlich sind, beziehen sich die Bewegungs- und Zweckursache auf das Werden, die Entstehung, der Dinge und sind komplementär einander so zugeordnet, daß die Bewegungsursache den Anfang der Entstehung eines Dinges, besonders eines Lebewesens, erklärt, die Zweckursache hingegen die Erreichung eines bestimmten Zieles seiner Entstehung. Das Telos, das Ziel der Entstehung, ist mehr als nur ihr raumzeitliches Ende, es ist der Zweck, um dessentwillen sich die gesamte Entwicklung vollzog. Er ist nach Aristoteles auf jeder Stufe des Lebendigen das Leben unter einer bestimmten Artform. Was wir oben von der Bewegungsursache bemerkt haben, gilt nun auch entsprechend von der Zweckursache: Sie ist nicht mehr empirisch feststellbar, sondern muß als nicht-materielle Ursache von der Vernunft eingesehen werden. Die Zweckmäßigkeit in den Entstehungsprozessen alles Lebendigen ist eine überwältigende empirische Tatsache, wenn man das Empirische nicht auf das sinnlich Feststellbare (empiristisch) reduziert, sondern anerkennt, daß es auch Intelligibles enthält (schon auf der Ebene der Sinneserfahrungen), das die Vernunft erfassen kann. Von dem Zweckmäßigen in den Lebewesen darf dann auf seine Zweckursache zurückgeschlossen werden.

Kant hat zwar Recht, wenn er die Zweckmäßigkeit in der Natur nicht als eine Sache der Sinneswahrnehmung, sondern der Vernunft betrachtet. Während er aber daraus folgert, daß sie nur ein Gedanke der Vernunft sei, der sie so denkt, «als ob» sie den Naturdingen innewohne, ist die traditionelle

Folgerung eine andere, nämlich daß den Naturdingen, besonders den Lebewesen, eine Form-Bewegungs-Zweckursache innewohnt, die von der Vernunft eingesehen werden kann.

Die am Ende des letzten und in der ersten Hälfte unseres Jahrhunderts gemachten naturphilosophischen Studien[79] zur Finalursächlichkeit in der Natur haben sich gegenüber dem naturwissenschaftlich-empiristischen Standpunkt nicht durchsetzen können. Erwähnenswert sind die Versuche, mit Aristoteles neben der Bewegungsursache wieder die Zweckursache einzuführen[80], ebenso auch die Neubegründung des Finalitätsprinzips in der Natur bei P. Janet[81]: daß es nämlich bei diesem Prinzip nicht, wie beim Kausalitätsprinzip, genügt, nur die Verknüpfung einer Phänomenreihe zu betrachten, sondern daß es sich erst aus der Übereinstimmung zweier oder mehrerer Phänomenreihen erschließt. Diese méthode de concordance, die eigentlich nur im Biologischen zur Anwendung kommt, z.B. beim Zusammenspiel von Organen und Drüsen im Körper, führt zur causa finalis auf höherer Ebene als auf der der bloß bewegungsursächlichen Phänomenverkettung.

Hier ist auch der bekannte Versuch von H. Driesch[82] zu erwähnen, bei den Lebewesen eine «Entelechie» einzuführen, die zwar an den aristotelischen Begriff anknüpft, aber sich doch in der Sache von ihm wesentlich unterscheidet. Da im lebendigen Organismus eine koordinierte Einheit vieler physikalisch-chemischer Prozesse zustande kommt, die sich aus diesen Prozessen allein nicht erschöpfend erklären läßt, führt hier Driesch einen entelechialen, «ganzmachenden» Faktor ein, als einen zusätzlichen Regelfaktor der Selbstregulierung der Lebewesen, um jene Einheit zu erklären. Diese Darstellung ist jedoch ganz unaristotelsich; denn die Entelechie ist qualitativ etwas wesentlich anderes als nur die koordinierte Einheit der physikalisch-chemischen Prozesse, die äußerlich zu ihnen hinzukommt. Daher scheint dann auch der Entelechie-Faktor ein äußerlich hinzukom-

---

79 So z.B. bei E. Koenig, *Die Entwicklung des Kausalproblems von Cartesius bis Kant*, 2 Bde., Leipzig 1888; K. Lang, *Das Kausalproblem*, 2 Bde., Köln 1904; A. Pastore, *Il problema della causalità*, 2 Bde. Turin 1921.

80 So bei D. de Vorges, *Cause efficiente et cause finale*, in: Annales de Philosophie chrétienne, 1888. Hinter der Naturfinalität ist dann eine metaphysische, finale Ordnung zu erschließen. In diesem Sinne bemerkt auch Ch. Werner (*La finalité d'apres Aristote*, in: Rev. de théol. et philos., 1931): «L'ordre qu' expriment les lois physiques est comme l'annonce et le symbole d' un ordre supérieur». Die Autoren beabsichtigen damit, zwischen dem aristotelischen Finalitätsgedanken und dem modernen, (meachinistisch) naturwissenschaftlichen Denken zu vermitteln.

81 *Les causes finales*, Paris 1876.

82 *Philosophie des Organischen*, [4]1928; Metaphysik der Natur, 1927.

mender – kein immanenter – zu sein (und, aristotelisch gesprochen, nur eine akzidentelle)[83]. Aristoteles faßt die Zweckursache aus dem Guten, der Vollendung, Entelechie, die im Lebensvollzug als solchem liegt. Die koordinierte Einheit der materiellen Bewegungsprozesse sind nur der äußere Ausdruck, die Auswirkung, jener zweckvollen Lebensursache.

Gegen die aristotelische Zweckursache hat N. Hartmann[84] den Vorwurf des Anthropomorphismus erhoben, ganz im Sinne von Kants Kritik an der Naturerklärung aus Zweckursachen, weil sie eigentlicherweise nur dem Bereich der menschlichen Praxis und technischen Kunstfertigkeit angehören und von dort fälschlich auf die Natur übertragen werden, «als ob» sie zweckmäßig tätig sei. Hartmann unterscheidet am menschlichen Zweckhandeln drei Momente: die Zwecksetzung, die Auffindung der Mittel und die Zweckverwirklichung. Dabei betont er das ausschließlich Geistige der Zwecksetzung und der Auffindung der Mittel; denn nur der Geist könne sich über den Zeitfluß erheben, in der Überlegung vorauslaufend das Ziel einer Handlung setzen und rückläufig die Mittel wählen, die zum Ziel, dem Zweck, führen. In der Realzeit seien beide Akte zugleich nicht möglich. Die Natur könne also nicht vernünftig-zweckmäßig handeln, es sei denn, daß eine Weltvernunft über ihr walte, welche die Aufgabe der Aktvollzüge übernähme. Öfters wird heute, wie bei Hartmann, Kritik an Aristoteles' Naturerklärung geübt wegen ihrer Vergleiche mit der Techne, so auch bei H. Wagner[85]. Er hält einerseits (gegenüber W. Wieland) daran fest, daß die Ursachen bei Aristoteles mehr sind als nur heuristische Modelle, andererseits scheint ihm (im Sinne von Kants Kritik) der Zweckbegriff in den *Physica* zu stark von den Techne-Vergleichen beeinflußt zu sein.

Die Texte in *Physica* und *GA*[86] lassen jedoch m.E. deutlich erkennen, daß keine Vermengung zwischen der Zwecktätigkeit des Menschen und der der Natur vorliegt, sondern eine Analogie zwischen beiden, bei Wahrung ihrer wesentlichen Verschiedenheit. Dabei ist die Natur das primum comparationis, da in ihr die Zweckverwirklichung auf vollkommenere Weise gelingt.

---

83 Es ist bezeichnend, wie sich über sie A. Wenzl, *Wissenschaft und Weltanschauung*, Leipzig 1949, 405, äußert: «Was aber ist dann die Entelechie? Hier ergibt sich die Frage... Immanenz oder Transzendenz, d.h. ist die Entelechie ein unräumlicher Faktor, der in einem gefügigen, aber nicht aktiv wirksamen Stoff und also in den Raum hineinwirkt (Driesch) oder ist sie ein (ebenfalls unräumlicher) Faktor, der aus dem "Innen" der Keimsubstanz heraus wirkt (Woltereck)?»

84 *Teleologisches Denken*, Berlin 1951.

85 *Aristoteles' Physikvorlesung*, Berlin ³1979.

86 z.B. 730b 8 ff. und 734b 34 ff. Verglichen wird der Gebrauch der Werkzeuge durch den Techniten mit dem der physischen Wärmefaktoren durch die psychische Lebensursache (Seele).

Vgl. *De part. anim.* 639b 15: «Das Worumwillen (=der Zweck) und das Schöne findet sich mehr in den Werken der Natur als in denen der Techne». Tatsächlich ahmt ja die menschliche Techne die Natur in vielfältiger Weise nach. Man kann also sagen, daß wir ein primäres Verständnis von Zweckursächlichkeit an den Naturdingen selbst gewinnen, nicht erst auf dem Umwege über unser zweckvolles Handeln und technisches oder künstlerisches Schaffen. Gegen Hartmann läßt sich einwenden, daß die Beschränkung der Zwecktätigkeit auf das Geistige eine Verengung des Zweckbegriffes bedeutet, die der Wirklichkeit nicht entspricht. Analog zur Natur außer uns erfahren wir doch auch in uns eine «natürliche», instinktive Zwecktätigkeit, die uns im Alltagsleben eine unentbehrliche Grundlage ist. Daß die Naturdinge, Pflanzen und Tiere, ihren jeweiligen Zweck vollkommener erreichen als menschliche Technik, hat seinen Grund darin, daß ihnen die Zweckursache immanent ist (sie leitet deren Entstehungsprozesse zu sich selbst als dem Zweck hin), während der technische oder kunstschaffende Mensch seinen Werken eine äußere Ursache bleibt, die in sie nicht eingeht. Ebenso muß er sich äußerer Werkzeuge bedienen. Er kann sich bei ihnen vergreifen wie auch in der Zwecksetzung fehlgehen. Diese Verschiedenheit zu sehen ist wichtig, um den Analogie-Vergleich zwischen der Natur und dem technisch schaffenden Mensch zu verstehen; denn die Analogie bedeutet etwas Gemeinsames zwischen wesentlich Verschiedenem. Im übrigen ist die Analogie ein unentbehrliches Mittel des Erkenntnisfortschrittes auf allen Erkenntnisgebieten, wie auch in der Metaphysik. Aristoteles wendet sie z.B. *Metaph. IX 6* bei der Einführung der Begriffe Möglichkeit (Potenz) und Wirklichkeit (Akt) als zweier Weisen alles Seienden an, wo er feststellt (1048a 35): «Man darf nicht von allem eine Definition suchen, sondern muß (die zwei Seinsweisen) auch durch das Analoge zusammenschauen, daß sich (das Aktuelle und Potentielle) so verhalten wie das Bauende zum Baumaterial ...» Auch hier dient die Techne zum Vergleich.

c) Zur Unterscheidung zwischen immanentem Naturzweck und transzendentem, metaphysischem Zweck

Die philosophischen und philologischen Untersuchungen zu Aristoteles' zweckursächlicher Naturerklärung konzentrieren sich häufig auf ihre metaphysische Ausrichtung, in der Gott als höchstes Telos alles Seienden, wie der Naturdinge, betrachtet wird. So behandelt A. Sandoz[87] die Finalursache bei Aristoteles mehr unter dem metaphysischen Aspekt der finalité d'un être,

---

87 *Le rôle de la cause finale dans l'explication chez Aristote*, in: Revue de Philos., Paris 1934.

die er scharf von der Finalität im Bereich des Werdens trennt. Sie betrifft das Gute als Seinseigenschaft, das auf Gott als das höchste Gute verweist.

Zwar führen sowohl die *Physica*, als auch die *Metaphysica* zu einem ersten unbewegten Beweger, doch bedeuten sie in beiden Schriften nicht dasselbe, wie früher dargelegt: Der unbewegte Beweger in den *Physica* ist die Seele der ersten Himmelssphäre, während die erste unbewegte Substanz in den *Metaphysica* ein reines Vernunftwesen ist, das «wie ein Geliebtes» bewegt, also schon seelische Wesen voraussetzt, nämlich die, welche die Himmelssphären beseelen, die auf jenes Geliebte gerichtet sind und bei seiner Betrachtung «bewegt» werden. Der Unterschied zwischen beiden Bewegern läßt sich auch so angeben, daß der erste Beweger in den *Physica* immanente Zweckursache ist, nämlich in dem vollkommenen Lebewesen der Himmelssphäre, während die göttliche erste Bewegungsursache in den *Metaphysica* die allem Seienden transzendente Zweckursache ist.

Nun finden sich zwar auch in den naturkundlichen Schriften einige Stellen, so in *GA II 1* und *De caelo II 12*, welche auf jene metaphysische Zweckursache, das Gute selbst, ausblicken, gleichsam als den letzten Bezugspunkt und das Fundament der immanenten Zweckursachen in den Lebewesen. Doch bleiben diese der eigentliche Gegenstand der Naturphilosophie. Sofern freilich heute Interpreten von Aristoteles' naturkundlichen Schriften die Verschiedenheit zwischen den immanenten Zweckursachen, den psychischen Lebensprinzipien, und jener transzendenten Zweckursache, dem göttlichen Guten, vernachlässigen und sich einseitig auf die Stellen konzentrieren, die von der göttlichen Zweckursache sprechen, begünstigen sie die pauschale Kritik an der metaphysischen oder kosmologischen Teleologie in Aristoteles' Naturphilosophie.

Abschließend gehen wir auf die wichtige Abhandlung von W. Kullmann ein[88]. Er legt zuerst die Einwände dar, die von Aristoteles-Kritikern heute erhoben werden und stellt in fünf Punkten die Auffassung zusammen, was in dieser Kritik Aristoteles unterstellt wird (a.a.O., 14):

«1. Aristoteles besitze ein durchgängig teleologisches Weltbild.

2. Er befürworte statt einer Erklärung des biologischen Geschehens durch Wirkursachen (Entstehungsursachen) eine Erklärung durch Finalursachen.

3. Er spreche der Natur "Motive" bei der Schaffung ihrer Gebilde zu.

4. Er sei Vitalist.

5. Die aristotelische Methode, die Reproduktionsvorgänge im Bereich der organischen Natur nach Analogie zu technischen Vorgängen zu verstehen (Techne-

---

88 *Die Teleologie in der aristotelischen Biologie. Aristoteles als Zoologe, Embryologe und Genetiker*, (SB Heidelb. Ak. d. Wiss., Philol.-histor. Klasse), 1979.

Modell), spiegele eine anthropomorphe, genauer: technomorphe Vorstellung von der Natur wider, die auf einer unzulässigen Übertragung von Vorstellungen vom menschlichen Handeln auf die Natur beruhe.»

Der Autor nimmt dann zu den fünf Punkten Stellung und erweist sie als unhaltbar.

1. Wie die einschlägigen Texte, besonders auch in *GA*, zeigen, «beschränkt sich Aristoteles in der Zoologie strikt auf die interne Finalität. Zum Verständnis des Zweckgedankens bei Aristoteles ist dies von fundamentaler Bedeutung» (17). «Bei Aristoteles fehlt in den biologischen Schriften überhaupt jede Angabe eines Gesamtzweckes eines Lebewesens innerhalb des Kosmos. Das vollkommene (erwachsene) Lebewesen ist selbst das Telos, das in der Entwicklung des Lebewesens verwirklicht wird. Dieses Telos ist immanent, nicht von außen gesetzt» (19). Zwar kennt Aristoteles eine Stufung der Tierarten, eine «die scala naturae, d.h. er vermag die Tierarten nach dem Grad ihrer Organisationshöhe, die er an dem Zustand des Nachkömmlings bei der Ausstoßung aus dem Mutterleib mißt, absteigend von den höheren zu den niederen Typen zu gruppieren», doch ist wichtig, «daß zwischen den einzelnen Stufen der Leiter keine teleologische Beziehung steht» (21).

2. Ferner sind in Aristoteles' Untersuchungen an den Lebewesen «Bewegungs- und Finalursache kombiniert». Es verhält sich keineswegs so, daß die Final- die Bewegungsursache ersetzen soll. Vielmehr wird die letztere an den Lebewesen jeweils ausführlich untersucht, auch nach den materiellen Bewegungsfaktoren hin. Dabei fällt auf, «wie sorgfältig Aristoteles physikalisch-chemische Gesetzmäßigkeiten in Rechnung stellt» (22), was mit vielen Textstellen belegt wird.

3. Was die Techne-Vergleiche betrifft, so tragen sie keinen Anthropomorphismus in die Natur hinein, vielmehr liegt eine «metaphorische Ausdrucksweise» (24) vor (die der Analogie entspricht). Eine Stelle in *Polit. I 8* scheint zwar, über die interne Finalität der Lebewesen hinaus, eine kosmologisch-metaphysische im Blick zu haben, wenn sie bemrkrt, daß die Pflanzen um der Tiere willen, und diese um der Menschen willen bestünden (1256b 15 ff.). Doch drückt nach Kullmann hier Aristoteles nur eine communis opinio aus, der gegenüber er sich in *Phys. II 2* anders äußert. Er sagt da von den Künsten, daß sie natürliches Material bearbeiten und gebrauchen, «wie wenn es um unseretwillen vorhanden ist; denn wir sind irgendwie auch selbst Zweck. Zweifach ist nämlich das Worumwillen. Darüber ist in den Büchern *Über die Philosophie* gesprochen worden» (194a 33 ff.). Nach Kullmann bedeutet dies: Die Ökonomie «tut so, als ob die ganze Natur nur zum Nutzen der Menschen existiert, was aber tatsächlich nicht der Fall ist»

(26). Der Autor geht dann näher auf die Unterscheidung des zweifachen Zweckes ein, die Aristoteles an verschiedenen Stellen erwähnt, z.B. *Ethica eud. VII 3,* 1249b 15; *De an. II 4,* 415b 20 f.; *Phys. II 2,* 194b 33 ff.; *Metaph. XII 7,* 1072b 1 ff. Die letztgenannte Stelle spricht vom Worum-willen-von etwas und Worum-willen-für-etwas, in bezug auf die transzendente erste Substanz, als das Seinsprinzip und das Gute. Kullmann versteht die Unterscheidung so, daß die erste göttliche Ursache das Worum-willen von allem ist, Zweck, Ziel von etwas (οὗ ἕνεκα τινὸς). «Der "erste Himmel" (die Fixsternsphäre) ist nämlich auf ihn hin als Telos gerichtet. Gott ist dagegen nicht "Zweck, Ziel für etwas" (οὗ ἕνεκα τινὶ), ein Zweck, für den es einen Nutzen darstellt, wenn etwas auf ihn ausgerichtet ist; denn die Gottheit ist ... keiner Sache bedürftig» (27). Anders beim Menschen, wo das Material der Natur als für ihn, zu seinem Vorteil, bestehend betrachtet werden kann. Da sich die Unterscheidung des zweifachen Zweckes mit der in zwei Bereiche verbindet, nämlich des Bewegten und des Unbewegten, ordnet Kullmann das Unbewegt-sein dem Zweck-von-etwas zu und das Bewegt-sein dem, wofür anderes Zweck ist, so daß auch nach diesem Gesichtspunkt Gott nicht das Wofür sein kann; denn er ist unbewegt.

Für die kosmologische Teleologie des Aristoteles wird häufig auf *De caelo II 12* verwiesen. Die Stelle behandelt die Aporie, weshalb die Zahl der Sphärenbewegungen der Planeten nicht mit zunehmendem Abstand vom ersten Himmel ständig zunimmt, sondern die mittleren Planeten die meisten Bewegungen haben. «Aristoteles legt hier das Sphärenmodell des Eudoxos zur Erklärung der Planetenbahnen zugrunde und denkt also daran, daß der erste Himmel nur eine Sphärenbewegung hat, der Saturn vielleicht mehrere, die folgenden mittleren Planeten noch mehr, Sonne und Mond dagegen wieder weniger. Seine Antwort lautet: Die Gestirne bzw. ihre Sphären haben an Leben und Handeln teil. Die vollkommeneren brauchen weniger Handlungen zum Wohlbefinden, die weniger vollkommenen mehr, während schließlich einige dies Ziel überhaupt nicht erreichen. Aristoteles vergleicht die verschiedenen Typen von Menschen. Manche Menschen bleiben ohne Sport gesund, manche mit wenig Sport, andere mit mehr, wieder andere erreichen die Gesundheit trotz ihrer Bemühungen überhaupt nicht. Schließlich stellt Aristoteles das Handeln der Gestirne dem der Tiere und Pflanzen gegenüber. Während also das Beste keiner Handlung bedarf, weil es selbst das Worum-willen ist (d.h. das Ziel, οὗ ἕνεκα), kann der Mensch durch viele Handlungen das Gute erlangen, wohingegen die Aktivitäten der übrigen Lebewesen weniger zahlreich sind und sich bei den Pflanzen auf nur eine reduzieren. Pflanzen, Tiere, Mensch, Gestirne sind somit alle "unmittelbar zu Gott"; sie unterscheiden sich in dieser Hinsicht nur durch die gestufte Art ihres Strebens zum Zweck hin (32-33). Es liegt sonach bei Aristoteles keine durchgängig strukturierte Teleologie des Kosmos vor. Sofern aber im Kosmos Ziele angestrebt werden, so bemerkt Kullmann, werden sie «nur "näherungsweise" erreicht. Das Streben kommt zeitlich nicht zu einem Ende. Anders ist es in der Biologie, wo der Zweck der Organe das Lebewesen selbst ist, das durch diese Organe tatsächlich konstituiert wird» (36).

4. Gegen die moderne Kritik an Aristoteles' Teleologie in seiner Biologie stellt Kullmann fest, daß die teleologischen Erklärungen auch für Aristoteles nur einen beschränkten Aussagewert haben, da das Zweckvolle nur im Bereich des sich wahrscheinlich oder meistens Ereignenden auftritt, während nach Aristoteles' Theorie der Wissenschaft diese zu allgemeiner Erkenntnis über das gelangt, was sich notwendig immer so und nicht anders verhält (38 ff.).

Die «epigenetische» Auffassung in Aristoteles' Embryologie hebt Kullmann als bedeutende naturwissenschaftliche Leistung hervor. Hiernach sind die entstehenden Organe (z.B. bei den höheren Lebewesen Herz, Lunge, Leber usw.) nicht schon vorgeprägt, sondern entstehen nacheinander, nach Art einer Kettenreaktion formativer Bewegungsabläufe. Diese Auffassung steht der heutiger Epigenetiker, wie Weismann und Spemann, durchaus nahe. Bemerkenswert ist, daß der Stagirite «auf eine metaphysische Erklärung des zielgerichteten Prozesses der Entstehung des Lebewesens verzichtet» (46). Die genetischen Überlegungen stützen sich auch «auf äußerst wichtige Beobachtungen zur Vererbung. Freilich ist nicht zu leugnen, daß auf diesem Gebiet der Genetik Aristoteles' Aussagen zum Teil noch stärker spekulativen Charakter besitzen als auf dem Gebiet der Embryologie. Das liegt in der Natur der Sache; denn mikroskopische Beobachtungen konnte Aristoteles nicht anstellen. Gleichwohl ist die Ausgewogenheit und Aktualität der aristotelischen Position erstaunlich. Noch in der heutigen Medizin besteht ein Gegensatz zwischen der – scheinbar teleologischen – epigenetischen Betrachtungsweise der Embryologie und der sozusagen prädeterministischen der Genetik (Verweis auf J. Langman).

Abschließend stellt Kullmann fest (60 ff.), daß in Aristoteles' Embryologie und Genetik keine anthropomorphe, sondern eine technomorphe Betrachtungsweise vorliegt, und daß diese sich auch bei gegenwärtigen Denkern, wie J. Monod[89] findet. Dieser grenzt von den technischen Produkten die Naturdinge dadurch ab, daß ihre Strukturen durch innere Wechselwirkungen ent-

89 *Le hasard et la nécessité*, Paris 1970.

stehen, die auf einem autonomen Determinismus beruhen (a.a. O., 26 ff., ferner durch ihre invariante Reproduktion und durch eine gewisse «Teleonomie», sofern die Naturdinge mit einem inneren Plan ausgestattet sind, den sie gleichzeitig in ihrer Struktur darstellen und durch ihre Leistungen ausführen (a.a.O., 25). Zu den drei Kriterien bemerkt Kullmann, daß sie in ähnlicher Weise schon Aristoteles formuliert hat, wenn er sich auch noch nicht die Frage stellte nach der Entstehung solcher «autonomer Reproduktionen invarianter Objekte mit teleonomischem Apparat oder, in der Sprache der Kybernetik ausgedrückt, solcher Selbstregulierungssysteme, wie es die Arten sind» (61).

Der lehrreiche Beitrag von Kullmann berichtigt überzeugend die Mißverständnisse, die der modernen Kritik an Aristoteles' Biologie zugrunde liegen. Die Zweckursachen treten in ihr nicht an die Stelle der Bewegungsursachen, sondern stehen zu diesen in einem komplementären Bezug. Um dies zu sehen, muß man freilich die Bewegungsursache als nicht mehr materielles, psychisches Lebensprinzip verstehen, das durchaus verschieden ist von den materiellen Bewegungsagenzien, wie vor allem der Wärme. Dieser Unterschied ist bei Kullmann nicht so deutlich herausgestellt. Wohl aber betont er richtig die Immanenz der Zweckursachen in den Lebewesen. Insofern weist er auch zu Recht die moderne Kritik eines kosmologischen oder metaphysischen Teleologismus an Aristoteles' Biologie zurück, der ein unstatthafter Ersatz der immanenten Zwecktätigkeit wäre.

Gleichwohl scheint es mir nicht zwingend, wegen der modernen Kritik mit Kullmann diejenigen wenigen Stellen, welche die kosmologisch-metaphysische Finalität erwähnen (*GA II 1, De caelo II 12*), als für die aristotelische Lehre von den Lebewesen unerheblich zu betrachten; denn jene kosmologisch-metaphysische Finalität tritt nicht als Verlängerung der immanenten Naturfinalität auf oder gar als ihr Ersatz, sondern als eine (der immanenten gegenüber) transzendente Finalität, die von ganz anderer Art ist als die immanente. Die transzendente Zweckursache, das göttliche Gute selbst, ist sozusagen ein Zweck höherer Ordnung, der Zweck des gesamten immanenten Naturzweckes. Diese Verschiedenheit, in der sich die Unterordnung der gesamten Natur unter die erste Ursache, Gott, ausdrückt, wird durch jene oben genannten Stellen bezeichnet, die einen zweifachen Zweck unterscheiden: den Zweck, um dessentwillen etwas entsteht, und den Zweck, für den etwas anderes ist. Der erstere ist der immanente Naturzweck, von dem in eigentlicher Bedeutung Aristoteles' naturphilosophische Schriften handeln, während der letztere nur an wenigen Stellen in ihnen erwähnt wird, sowie an entscheidender Stelle in *Metaph. XII 7* eingeführt wird, die Gott als Zweck für alles zu bestimmen sucht.

Der Gedankengang in *Metaph. XII 7*, 1072a 26 – b 4, der zu den entscheidenden Merkmalen des ersten, metaphysischen Prinzips führt, ist folgender: Ausgehend vom ersten Bewegten, der ersten Himmelssphäre mit der Kreisbewegung, läßt sich auf ein erstes Bewegt-Bewegendes, und von diesem auf ein erstes unbewegtes Bewegendes zurückschließen.

Dieses ist «ein Ewiges, Substanz und Akt. Auf diese Weise bewegt das Erstrebenswerte und das Intelligible. Und von diesem sind die ersten (Prinzipien) identisch. Gegenstand des Begehrens ist nämlich das erscheinende Schöne, Gegenstand des Willens aber ist das, was an sich schön ist. Wir erstreben etwas vielmehr, weil es uns (schön) erscheint, als daß es uns so erscheint, weil wir danach streben; denn Prinzip ist die Vernunfteinsicht. Die Vernunft wird aber vom Intelligiblen bewegt, und intelligibel ist die eine Reihe (der Einteilung) an sich. Von ihr ist die Substanz die erste (Instanz), und von dieser (Substanzgattung) die einfache und dem Akt nach (erste, d.h. sie ist reiner Akt). Das Eine und das Einfache sind nicht dasselbe; denn das Eine bedeutet ein Maß, das Einfache hingegen bedeutet, wie es sich selbst verhält. Aber auch das Schöne und an sich Erstrebenswerte findet sich in derselben Reihe (der Einteilung), und das Erste ist immer das Beste oder das Analoge. Daß das Worum-willen im Unbewegten liegt, ist aus der Einteilung deutlich; denn es gibt das Worum-willen von etwas <und> für etwas. Von beidem liegt das eine (im ersten Prinzip) vor, das andere nicht. Es (=das erste Prinzip) bewegt wie ein Geliebtes und durch das Bewegte bewegt es alles übrige.»

Die Argumentation erweist das metaphysische Prinzip (von dem die ganze Natur abhängt) als erste Bewegungsursache, die selbst unbewegt ist. Das erste Bewegt-Bewegende, das zum ersten Bewegten, der ersten Himmelssphäre hin, vermittelt, ist deren Seele, ein Vernunftwesen; denn das erste Prinzip ist das im höchsten Maße Erstrebenswerte und Intelligible, von dem die Vernunft bewegt (aktualisiert und bestimmt) wird. Ferner ist das metaphysische Prinzip erste Substanz, reiner Akt, von einfacher (d.h. nicht mehr zusammengesetzter) Einheit, das Schönste, Erstrebenswerteste. Diese Merkmale stehen in derselben Reihe einer (als bekannt vorausgesetzten) Einteilung, die offenbar die der Gegensätze in Seiendes und Nichtseiendes, Gutes und Schlechtes usw. betrifft und sie in zwei Reihen gegenüberstellt. Schließlich ist das metaphysische Prinzip Zweckursache «im Unbewegten», der verschieden ist vom Zweck im Bewegten. Der letztere ist der Naturzweck, das Worum-willen «von etwas», nämlich von jedem Naturding, das um dessentwillen entsteht und in Bewegung ist. Das entstandene Naturding mit dem verwirklichten Naturzweck ist aber «für etwas» da, das wiederum Zweck ist, jedoch von einer höheren, über die Natur hinausgehenden Ordnung, im Unbewegten, auf das die Natur hingeordnet und dem sie dienstbar ist. Ein solcher Zweck, für den die Naturdinge da sind, ist einerseits die menschliche Vernunft, die sich der Naturdinge bedient, und andererseits die göttliche Vernunft, auf die alles hingeordnet ist, sowohl die Naturdinge, als auch die menschliche Vernunft.

Hiernach ergibt sich eindeutig, daß der Zweck-worumwillen der immanente Naturzweck der Lebewesen ist, im Bereich des Werdenden, Bewegten. Dagegen liegt der Zweck-wofür im Bereich des Unbewegten sofern das schon gewordene Seiende für anderes ist, letztlich für Gott. Der Sachverhalt läßt sich im Schema so festhalten:

Der Zweck, um dessentwillen die Lebewesen sich entwickeln, vom Werden zum Sein übergehend	Der Zweck, wofür alle Naturdinge sind, in verschiedenen Graden am Sein/Guten teilhabend
Immanenter Naturzweck «im Bewegten»	Transzendenter Zweck, Gott, «im Unbewegten»

Ich vermag hier Kullmanns Interpretation nicht zu folgen, der die Verhältnisse umkehrt und in dem Zweck-wovon Gott sieht und ihn im Bereich des Unbewegten ansetzt. Es ergibt sich dadurch unbeabsichtigt eine gewisse Nähe zu jener peripatetischen Aristoteles-Interpretation (Straton v. Lampsakos u.a.), welche die göttliche, erste Ursache naturalistisch als Zweck mißverstanden hat, um dessentwillen sich alle Naturdinge entwickeln. In einem ähnlichen Sinne üben dann moderne Interpreten am Teleologismus der aristotelischen Biologie Kritik, die zu Recht bestünde, wenn bei Aristoteles ein (pantheistischer) Naturalismus vorläge. Dies ist aber nicht der Fall. Vielmehr verweisen jene wenigen Stellen auf eine transzendente Zweckursache, «für den» alles da ist. Nicht daß Gott der Natur bedürfte und in diesem Sinne alles für ihn wäre, sondern so, daß alles auf ihn hingeordnet ist, wie dies in *Metaph. XII 10* näher dargelegt wird, weil er für alles die Quelle des Seins und des Gutseins ist, woran alles analog in Abstufung teilhat.

Diese Bestimmungen der göttlichen, transzendenten Zweckursache wollen keine Erklärung für biologische Naturprozesse geben, wohl aber auf ihre metaphysische Voraussetzung aufmerksam machen. Dies ist keine Grenzüberschreitung der Biologie in die Metaphysik. Kullmann bedenkt diesen Gesichtspunkt und betont im übrigen zutreffend, daß Aristoteles' Metaphysik (im Unterschied zu der Platons) keine Universalwissenschaft ist, welche die Einzelwissenschaften in ein metaphysisches System einzugliedern versuchte.

Auch A. Graeser hat dem Thema eine scharfsinnige Untersuchung gewidmet[90]. Er versucht die Unterscheidung auf dem Umwege einer anderen, in *Metaph. IX 6* vollzogenen Unterscheidung zu klären, nämlich der zwischen Handlung (πρᾶξις), die als Prozeß auf einen Zweck außerhalb ihrer geht, und «Handlung», Tätigkeit, die kein Prozeß mehr, sondern ein Akt (ἐνέργεια) ist – so z.B. eine seelische Tätigkeit wie Denken, Betrachten – und ihren Zweck in sich selbst hat. Dann bedeutet in *Metaph. XII 7* der Zweck im Bewegten den Zweck im Bereich der Handlungen, als Bewegung, hingegen der Zweck im Unbewegten den Selbstzweck in einer Tätigkeit. Das heißt, daß das erste metaphysische Prinzip, als Zweck im Unbewegten, der Selbstzweck in der betrachtenden Tätigkeit der Seele des ersten Himmels ist (a.a.O., 48). Das Worum-willen «von etwas» ist der Zweck als Tätigkeit (ἐνέργεια), die in sich ihren Selbstzweck hat, hingegen das Worumwillen «für etwas» der Zweck einer Handlung, die für anderes vollzogen wird.

Doch trifft dieser Klärungsversuch nicht die Intention des Unterschiedes zwischen den zwei Zwecken in *Metaph. XII 7*; denn er zielt auf einen transzendenten Zweck ab, der über allen anderen Zwecken steht. Natürlich hat die Seele des ersten Himmels in ihrer betrachtenden Vernunft-Tätigkeit den Selbstzweck, worin auch ihr Wesen liegt. Aber dieser Zweck ist ihr immanent und verschieden von dem transzendenten Zweck, für den sie betrachtend tätig ist, von Gott, von dem sie bewegt wird wie von einem Geliebten.

Schwierigkeit bereitet auch die Textstelle in *De anima II 4*, 415b 2-7. Der Text lautet so:

> «Alle (Lebewesen) streben am Ewigen und Göttlichen nach Kräften teilzuhaben; denn alle streben nach jenem und es handeln um jenes willen alle, die nach ihrer Natur handeln. Der Zweck ist aber ein zweifacher: der eine, worumwillen (etwas ist), der andere wofür (etwas ist). Da die Lebewesen nicht mit dem Immerwährenden und Göttlichen kontinuierlich Gemeinschaft haben können, hat jedes mit ihm (nur) Gemeinschaft, soweit es daran teilzuhaben vermag, das eine mehr, das andere weniger.»

Die Unterscheidung weist m. E. eindeutig auf folgende zwei Zwecke hin:
- den immanenten Naturzweck, um dessentwillen jedes Naturding entsteht, um ein bestimmtes Lebewesen zu werden, und
- den transzendenten Zweck, das ewige, göttliche Gute selbst, für den sich alle Naturdinge in ihrem Sein einsetzen, um daran «nach Kräften teilzuhaben», nämlich durch die Erhaltung der Art, wenn auch nicht durch die Fortdauer des Individuums.

---

90 *Aristoteles' Schrift "Über die Philosophie" und die zweifache Bedeutung der "causa finalis"*, in: Museum Helveticum 29 (1972), 44-61.

Graeser versteht zwar auch den Zweck der Arterhaltung als das Wofür, ordnet dieses aber dann dem Bewegten zu, als immanenten Zweck in den Lebewesen, während Gott das Worum-willen der Lebewesen als ihnen transzendenter, nicht erreichbarer Zweck sei. So ergibt sich wieder eine Umkehrung der zwei Zwecke in ihrer Zuordnung zum Bewegten und Unbewegten. Zu bemerken ist noch, daß beide Zwecke unbewegt sind, auch der immanente - denn Aristoteles lehrt ausdrücklich in *Phys. VII*, daß die Seele, als Zweckursache im Lebewesen, unbewegtes Bewegungsprinzip ist –, daß sich aber der immanente Naturzweck im Bereich des Bewegten befindet, dagegen der erste transzendente Zweck, das Wofür aller Dinge, im Bereich des Unbewegten (der immateriellen vernunftbegabten Substanzen).

Was Aristoteles' Vergleiche zwischen Natur und Techne betrifft, so ist Kullmanns Klarstellung sicherlich richtig, daß kein Anthropomorphismus vorliegt. Unverzichtbar scheint mir das traditionelle Verständnis der Analogie, die hier waltet. Sie bezieht sich auf Gemeinsames in wesentlich Verschiedenem. Das analog Gemeinsame zwischen Natur und Techne ist aber die Zwecktätigkeit. Das wesentlich Verschiedene liegt darin, daß dort die Natur mit vernunftlosen Lebensprinzipien tätig ist, hier der Mensch mit der Vernunftseele, und daß dort die Lebensprinzipien immanent im Naturding wirken, während die Vernunftseele dem Artefakt äußerlich, transzendent bleibt. Insofern eröffnet sich dann eine ganz andere Analogie, nämlich die zwischen dem menschlichen Künstler und dem göttlichen Schöpfer, der ebenfalls der Schöpfung gegenüber, seinem «Kunstwerk», transzendent bleibt. (Sie hat ihren besonders schönen Ausdruck in Platons *Timaeus* gefunden.)

Von einer technischen, d.h. mechanischen (und physikalisch-chemischen) Tätigkeit der Natur zu sprechen, statt von einer finalen, wäre den Texten bei Aristoteles nicht angemessen. Zwar verwendet er ein einziges Mal für den Ablauf des embryonalen Entstehungsprozesses im Anfangsstadium den Vergleich mit einem Spielautomaten, in dem mehrere Bewegungen nacheinander ablaufen, nach Art einer Kettenreaktion. Doch betrifft dies die materiellen Bewegungen, die von physischen Bewegungsagenzien bewirkt werden. Sie stehen aber unter der Leitung psychischer Bewegungsursachen, die von jenen durchaus verschieden sind und mit den Zweckursachen in eins zusammengehen.

www.ingramcontent.com/pod-product-compliance
Ingram Content Group UK Ltd.
Pitfield, Milton Keynes, MK11 3LW, UK
UKHW042122021026
15589UKWH00002B/579

9 789051 838541